Eckart Brandt

SCHMECKT!

Neues vom Apfelmann

Geschichten
Apfelwissen
Medizinisches
Sorten & Bäume
Gewusst wo

KJM Buchverlag

Die Reihe

HAMBURG PARADIES

wird herausgegeben
von Klaas Jarchow

Mehr zu den Büchern des KJM Buchverlags
www.hamburgparadies.de

1. Auflage, September 2015

Simrockstr. 9a, 22587 Hamburg
www.kjm-buchverlag.de
ISBN 978-3-945465-09-7

Lektorat: Kay Dohnke
Herstellung und Gestaltung: Eberhard Delius
Bildbearbeitung: Reihs Satzstudio
Druck und Bindung: CPI, Ulm
Printed in Germany

Dieses Buch wird durch BUCHPATEN gefördert.
Mehr Informationen dazu hier im Buch auf Seite 125

Inhalt

Nathusius Tauben-Apfel, Apfel aus Croncels, Rote Sternenrenette, Landsberger Renette

Alte Apfelsorten – neue Beachtung

Die Aufmerksamkeit für alte Obstsorten hat in den letzten zwei Jahrzehnten stark zugenommen. Waren es zuvor nur ein paar als Nostalgiker belächelte Einzelgänger, so interessieren sich heute breitere Kreise für dieses Thema. Die Älteren sehnen sich nach dem Aroma und dem Duft des Apfels ihrer Kindheit, die Jüngeren finden den ewig ähnlichen Geschmack der modernen Sorten langweilig und wünschen sich mehr Vielfalt. Hinzu kommt noch eine ständig wachsende Fraktion von Interessenten, von der wir vor 20 Jahren noch gar nichts wussten: Apfel-Allergiker, die die modernen Apfelsorten nicht mehr vertragen, viele der alten Sorten aber sehr wohl essen können.

Die Vielfalt der alten Sorten ist wirklich immens und ihre Anzahl enorm. Die Schätzungen von Experten schwanken zwischen 4.000 und 20.000 Apfelsorten weltweit. Ein französischer Pomologe meint es genau zu wissen: 11.324 Apfelsorten gibt es, sagt Alain Rouèche, davon 9.541 Kultursorten und 1.723 Wildäpfel. Interessant. Machen wir gleich mal die Probe aufs Exempel: Hat er denn auch meinen kürzlich neu entdeckten Lieblingsapfel **Jan Heitmann** mitgezählt? Nein. Auch **Trin Adelheid** und den **Gniedelstein** kennt er nicht. Dafür nennt er aber den **Hadelner Sommerprinz**, den **Hadelner Rotfranch** und sogar den **Neuen Hadelner Rotfranch**. Chapeau! Auch der **Fettapfel** ist erwähnt, gleich noch ein zweites Mal als **Altländer Fettapfel**. Und der **Pfirsichrote Sommerapfel** taucht sogar drei Mal auf, im deutschen Original, aber auch unter seinem dänischen und schwedischen Namen ...

Man sieht sofort: Diese Zahl kann allenfalls vage stimmen; diverse Sorten – vor allem Lokalsorten mit geringer Verbreitung – fehlen, dafür sind andere doppelt und dreifach gezählt. Doch in der Größenordnung wird sie wohl richtig sein.

Warum haben wir so viele Apfelsorten? Wer hat die alle gezüchtet? In weit über 90 Prozent der Fälle war die Natur selbst die Züchterin. Es handelt sich um Zufallssämlinge, die aus in der Regel unbeabsichtigt in den

Boden geratenen Apfelkernen entstanden sind. Aus den Kernen einer Apfelsorte entstehen nämlich nie neue Pflänzchen der Muttersorte, sondern immer wieder neue Sorten, von denen keine der anderen gleicht. Alle Apfelsorten – bis auf höchst seltene Ausnahmen vielleicht – sind mit sich selbst unfruchtbar. Sie sind zur Bestäubung ihrer Blüten immer auf Pollen einer anderen Apfelsorte angewiesen. Die entstehenden Früchte gehören stets zur Ausgangssorte; die Neukombination der Gene findet in den Kernen statt.

Die Vermehrung von Apfelbäumen

Wenn man Apfelkerne aussät, wachsen nicht etwa die Sorten heran, deren Saat man ausgesät hat, sondern lauter neue, von denen viele nicht besonders wohlschmeckend sein werden. Warum ist das so? Apfelsorten sind mit sich selber unfruchtbar. Wenn nur Äpfel einer Sorte beisammenstehen, entstehen gar keine Früchte auf den Bäumen. Zu einer erfolgreichen Bestäubung und damit zum Ansetzen einer Frucht müssen Insekten Pollen einer anderen Sorte auf die Blüten des betreffenden Baumes tragen. Es muss also immer in für Bienen erreichbarer Nähe mindestens ein zweiter Apfelbaum einer anderen Sorte blühen, die auch fruchtbare (diploide) Pollen spenden kann. Über 80 Prozent der Äpfel haben solche Pollen. Der Rest hat unfruchtbare (triploide) Pollen, die nicht zum Bestäuben geeignet sind (z.B. Gravensteiner, Holsteiner Cox, Boskoop).

Für eine sortenechte Vermehrung kommen also Kerne nicht in Frage, weil sie immer das Erbgut einer Vater- und einer Muttersorte enthalten, das in jedem Fall neu gemischt wird. Sortenecht kann man nur vegetativ vermehren, d.h. man muss ein Reis – ein Stück einjähriges Holz – vermittels einer der üblichen Veredelungstechniken auf eine Unterlage (einen anderen Apfelbaum) aufsetzen. Obstbaumschulen beziehen dazu bündelweise Reiser aus den wenigen großen »Unterlagen-Baumschulen«, die diese »Füße« für neue Apfelbäumchen in verschiedenen Wuchsstärken in Tausenderserien heranziehen. Als Kleingärtner kann man sich natürlich auch immer noch ein junges Apfelbäumchen im Knick oder an der Grabenkante ausgraben, wie es über Jahrhunderte gemacht worden ist. Und man kann natürlich auch Apfelbäume, mit deren Sorten man unzufrieden ist, köpfen und durch »Hinter-die Rinde-Veredelungen« mit besseren Sorten umveredeln.

Das ist nun aber nicht so aufregend, wie es vielleicht erscheint. Die große Vielzahl der so entstandenen neuen Sorten geht gleich wieder unter, weil sie qualitativ nicht überzeugt und in Richtung ihrer harten, säuerlichen, kleinfrüchtigen Vorfahren zurückschlägt. Nur sehr wenige schaffen es, durch interessante Eigenschaften Aufmerksamkeit zu erlangen. Erst wenn ein Zufallssämling so viel Beachtung findet, dass ihn jemand vermehrt, beginnt man von einer neuen Sorte zu sprechen. Eine sortenechte Vermehrung ist also nur vegetativ möglich, nicht durch Samen, sondern ausschließlich durch Augen oder Zweiglein (Reiser), die vom zu vermehrenden Baum auf andere Bäume veredelt werden, die als Unterlage dienen.

Fettapfel

Für das Fortkommen solcher Zufallssämlinge war dann entscheidend, dass jemand sie entdeckte und unter seine Fittiche nahm. Waren es nur ein paar Nachbarn, die sich Reiser schnitten, um diese Sorte selber auch zu haben, blieb die Verbreitung auf ein paar Gehöfte oder ein kleines Dorf beschränkt. Begeisterte die neue Sorte einen Gärtner oder eine Baumschule in der Nähe, so hatte sie schon einiges gewonnen und konnte auf eine zumindest lokale oder regionale Verbreitung hoffen. Mancher Zufallssämling gelangte so zu einer – oft nur regional eng begrenzten – Berühmtheit und wurde in seiner Gegend zum unangefochtenen Lokalmatador und somit ein Teil der regionalen Agri-Kultur mit ihren Gebräuchen und Essgewohnheiten.

Doch es ist ein viel umfassenderer Grund, warum es – nicht nur bei den Äpfeln – unverzichtbar ist, sich heute für alte Sorten einzuset-

Hadelner Sommerprinz

zen und sie zu sichern. Sie sind Teil unserer Biodiversität und bilden einen riesigen Gen-Pool mit unzähligen wertvollen Eigenschaften. Besonders angesichts der agro-industriellen Konzentration auf einige wenige, hochgezüchtete und damit auch anfällige Sorten ist der Erhalt der genetischen Vielfalt ein Gebot zur Sicherung der künftigen Ernährung und pflanzlichen Vielfalt. In der Schweiz hat man dies längst erkannt und lässt von staatlicher Seite aus jedes Jahr ein paar Hundert alte Obstsorten genauestens auf ihre Eigenschaften untersuchen und findet dabei dann Resistenzen gegen gefürchtete Obstkrankheiten wie z.B. Feuerbrand.

Und wir sollten unsere alten Sorten nicht untergehen lassen, weil sie ein Bestandteil unseres regionalen und kulturellen Erbes sind. Oftmals beruht die traditionelle Ernährungsweise einer Region auf den dort heimischen Sorten, und im Laufe der Jahrzehnte und Jahrhunderte haben die Menschen eine ganz spezifische Vielfalt an Zubereitungstechniken und Rezepten entwickelt. Damit – der biologischen wie der kulturellen Besonderheit – sollten wir mehr in die Öffentlichkeit treten, um unsere regionale Identität zu stärken und uns für andere z.B. im Rahmen des Tourismus interessant und unverwechselbar erscheinen zu lassen. Und: Dieses Erbe gehört uns und nicht irgendwelchen internationalen Konzernen, die Sorten patentieren lassen wollen, um besser Geld damit zu verdienen. Und sie gehören auch nicht irgendwelchen EU-Bürokraten, die ihre Verwendung und Verbreitung einschränken und reglementieren möchten. Sie gehören uns allen, sofern wir sie am Leben erhalten, pflegen und zu neuer Verbreitung bringen.

Inzwischen sind es zahlreiche Liebhaber und Obstkundler, die Pomologen, die zur Rettung und Pflege der alten Sorten beitragen. Und das Gute daran: Wir werden immer mehr, die Apfelangebote immer vielfältiger – und den Menschen schmeckt's.

Öhringer Blutststreifling, Weißer Wintercalvill, Roter Trier'scher Weinapfel, Geheimrat Dr. Oldenburg

STD
U 413

Wie ich auf den Apfel gekommen bin

Der Weg zum Boomgarden-Projekt

Ich habe meine Kindheit in den 1950er-Jahren in einem kleinen Dorf mitten im Elbe-Weser-Dreieck verbracht. Die Welt, in der ich aufwuchs, gibt es nicht mehr: Der Ort ist zwar noch vorhanden – aber er ist ein ganz anderer geworden.

Mein Heimatdorf Wohnste in der Börde Sittensen war damals noch ein reines Bauerndorf, über 80 Prozent der Bewohner lebten von der Landwirtschaft, und die übrigen Leute – drei Höker (Lebensmittelhändler), ein Gastwirt, ein Schuster, ein Zimmermann, ein Tischler, ein Schmied, ein Stellmacher, zwei Maurer – lebten indirekt von ihr und betrieben zumeist im Nebenerwerb auch noch etwas Landwirtschaft. Es war noch eine weitgehend geschlossene, in sich selbst ruhende und sich selbst genügende Welt, die wenig Kontakt nach außen pflegte. Alle kannten einander, alle, bis auf ein paar hängengebliebene Flüchtlinge, waren mehr oder weniger miteinander verwandt und sprachen Plattdeutsch. Es war eine kleine, enge, kuschelige Welt; keine wirklich heile Welt, Außenseiter konnten schnell ins Abseits geraten und ausgegrenzt werden.

Wir wohnten in einem kleinen Siedlungshaus etwas außerhalb des Dorfes, und die Höfe meiner beiden Großeltern waren bequem in fünf Minuten zu Fuß erreichbar. Beide Höfe waren noch die damals üblichen Gemischtbetriebe mit Ackerbau und Viehzucht (Milchkühe, Schweine, Geflügel) und einer weitgehenden Selbstversorgung, zu der auch das hofeigene Obst gehörte. Zu unseren Lebensmitteln hatten wir noch ein ganz direktes, sozusagen persönliches Verhältnis: Wir wussten, woher sie kamen, wie sie gewachsen bzw. erzeugt worden waren. Gegessen wurde, was das Land und die jeweilige Saison hergab. Im Winter und Frühling lebte man von eigenen eingelagerten Vorräten. Meine Mutter hatte ganze

Kellerregale voller Weckgläser, 1-Liter-Gläser, 1,5-Liter-Gläser, gefüllt mit Gemüsen aller Art, Birnen und Zwetschen für Kompott zum Nachtisch, aber auch ganze Sonntagsbraten vom hausgeschlachteten Schwein. Dazu gab es noch Dörrobst, das im großen alten Lehmbackofen meiner Großeltern am Backtag mit der Nachwärme des Brotbackens getrocknet worden war.

Mein Vater Willy hatte im Krieg einen Arm verloren und versuchte, seine schmale Rente mit allerhand Kleintätigkeiten aufzubessern. So hatte er mit fachkundiger Unterstützung durch seinen Bruder Hannes, der auf der Stader Geest mehrere Morgen Obst bewirtschaftete, am Haus einen kleinen Obsthof angelegt, um über den Eigenbedarf hinaus etwas zum Verkauf anbieten zu können. Er hatte größtenteils halbstämmige Apfelbäume angepflanzt in den damals bei uns üblichen Sorten wie **Altländer Pfannkuchen**, **Boskoop, Finkenwerder Herbstprinz**, **James Grieve**, usw. An der Grabenkante standen aber auch etwa 30 Hauszwetschen und andere Pflaumen.

James Grieve

Jakob Lebel

Da der Ertrag naturgemäß ein paar Jahre auf sich warten ließ, hatte er von der Gemeinde ein paar Hundert Meter Straßenobstbäume an der Chaussee nach Buxtehude raus dazugepachtet, **Celler Dickstiel**, **Jakob Lebel** u.a. Die letzten dieser Bäume stehen heute noch windschief an dieser Straße, und es wird immer mal wieder darüber gestritten, ob man sie nicht endlich absägen sollte. Dieses Chaussee-Obst – damals bei dem geringen Verkehr auf der Landstraße eine durchaus saubere Sache – wurde im Herbst auf einen Schlag abgeerntet und in die Sittenser Süßmosterei Diedrich Klindworth verfrachtet, dem Vorläufer der später groß herauskommenden und jetzt auch schon wieder verschwundenen Premiumsafterei Klindworth, wo man damals noch das Mostobst auf der Stelle in (recht wenige) braune Kronkorkenflaschen mit Süßmost umgetauscht bekam.

Celler Dickstiel

Ich bin also nicht als Erbe eines Obsthofes im benachbarten Alten Land aufgewachsen – und ich bin darüber ganz froh. Wenn man einen Bereich des Lebens wirklich erfassen und erkennen möchte, sollte man nicht mittendrin sein, sondern das Ganze aus einer gewissen Distanz in Augenschein nehmen; das bewahrt vor Betriebsblindheit und Befangenheit. Wer mittendrin steht, übernimmt unbewusst viele Weisheiten seiner Umgebung als gottgegeben und hält Dinge für unabänderlich, die es gar nicht sein müssen. Als Altländer Obstbauernsohn hätte ich bestimmt nicht diesen meinen eigenen Weg zum Thema Obst gefunden – das war mir nur als Quereinsteiger mit der dazugehörigen Portion Skepsis und Distanz zu den üblichen und angeblich allein richtigen Sicht- und Herangehensweisen möglich.

Zunächst führte mich mein Weg nach dem Abitur erst einmal in die große Stadt, nach Hamburg. Von dem Stückchen Land, das meine Eltern besaßen, konnte man keine Existenz bestreiten, so sollte ich also studieren, um »was Besseres zu werden«. Meine Vorfahren waren alle Bauern und Handwerker, mein Vater war Landarbeiter, nie hatte jemand aus unserer Sippschaft studieren können. Das Schlagwort hieß »Chancengleichheit«, ich holte das jetzt alles nach und studierte zehn Jahre lang alles, was mich interessierte, schnupperte auch in viele unterschiedliche Jobs hinein, um herauszufinden, was berufsmäßig am besten zu mir passen könnte. Lehrer wollte ich nicht werden, und auch die anderen angedachten Berufsperspektiven erwiesen sich bei näherem Hinschauen als wenig verlockend. Also musste ich mir mein Berufsfeld selber zusammenstellen und erobern.

Nach zehn Jahren Großstadt – die ich nie missen möchte – war mir klar, dass ich den Rest meines Lebens wieder auf dem Land verbringen

Finkenwerder Herbstprinz

Hadelner Rotfranch

wollte. Mit meiner damaligen Freundin kaufte ich einen Resthof im nördlichen Kreis Stade. Zu dem gehörte ein halber Hektar Obsthof mit **Finkenwerder Herbstprinz**, **James Grieve** u.a. – ein Bogen zurück in die Welt meiner Kindheit war geschlagen. Als einer der Ersten in der Region begann ich 1983 mit biologischem Obstbau. Nachdem ich mein erstes heftiges Lehrgeld bezahlt hatte, entdeckte ich 1985 das Thema, das den Rest meines obstbaulichen Lebens bestimmen sollte: die Vielfalt der alten Obstsorten.

Dieses Thema lag damals noch keineswegs in der Luft. Der Pomologen-Verein, der sich heute deutschlandweit um die Erhaltung der alten Obstsorten kümmert, wurde erst 1991 neu gegründet. 1985 lästerte noch der damalige Chef der Obstbauversuchsanstalt im Alten Land, das sei ja wohl alles schiere Nostalgie, alternde Apfelesser würden ihre Kindheitserinnerungen vergolden. Würde man ihnen heute real ihre damals hoch-

Princesse Noble

gelobten Äpfel vorsetzen, würden sie sie nur noch den Schweinen vorwerfen … Das brachte mich ja nun »in de Brass«, wie man hierzulande sagt. Wusste der Herr überhaupt, wovon er redete? Hatte er jemals einen würzigen **Rotfranch**, eine edle **Princesse Noble** oder einen markanten **Uelzener Kalvill** gegessen? Mit der steinböckischen Sturheit eines niedersächsischen Bauerndickschädels trat ich an, das Gegenteil zu beweisen. Pomologe – also Obstkundler – wurde ich übrigens auch.

Der Weg war nicht leicht. Die Apfelsorten, die ich auf meinen mittlerweile hinzu gepachteten Hektar ziehen und wieder unters Volk bringen wollte, gab es vielfach gar nicht mehr zu kaufen. Also musste ich Bäume der gesuchten Sorten auffinden, im Winter Reiser schneiden und in einer kleinen Baumschule vor Ort Jungbäume anziehen lassen.

Gott sei Dank fand ich in Willi Funck auf dem Hüll jemanden, der mein Anliegen unterstützte. Wir könnten doch den Hausgärtnern, die einfach ein paar leckere Äpfel für sich und ihre Familie erzeugen wollten, nicht die höchst anspruchsvollen, spritzbedürftigen Sorten des modernen Erwerbsobstbaus anbieten, damit würden diese doch nie glücklich. »Warum geben wir denen nicht die guten alten Sorten zurück, die die ganze Chemie nicht nötig haben?«, meinte er.

Das war der Beginn meines Boomgarden-Projekts – die Rückkehr zur Vielfalt alter Apfelsorten. Wir produzierten mit unseren bescheidenen Möglichkeiten über die Jahre viele Hunderte gesunde Jungbäume in alten Sorten, immer auch ein bisschen am Rande der Legalität, weil Baumschulen eigentlich auf Virusfreiheit geprüftes Pflanzenmaterial vermehren sollten, das es aber von den meisten alten Sorten nicht gab. Doch Ernst-Albrecht Wigger, seinerzeit im Pflanzenschutzamt Hannover für diesen Bereich zuständig und später Gründungsmitglied des Pomologen-Vereins, fand, dass die Erhaltung der genetischen Vielfalt eine wichtige Aufgabe sei, die durch staatliche Vorschriften nicht zu sehr behindert werden sollte.

Die Obstbaukollegen – auch die Ökos unter ihnen – rümpften die Nase über mein Tun. Nun hatten sie gerade die von oben verordnete Sortenbereinigung in ihren Obsthöfen umgesetzt und die letzten Bäume der alten Sorten abgesägt, da kam so ein unsäglicher, unbedarfter Quereinsteiger und zerrte alles wieder aus dem Abfallhaufen der Obstbaugeschichte hervor. Mit den Kollegen von der Öko-Fraktion gab es lange Diskussionen. Sie meinten, man könne nicht im Rahmen der Umstellung auf ökologische Wirtschaftsweise auch noch das Sor- timent auswechseln, das würde der Verbraucher nicht mitmachen. Ich hielt dagegen, für eine wahrhaft naturgemäße Anbauweise bräuchten wir robuste Landsorten, die auch ohne 15 bis 20 Spritzungen mit – nun dann – ökologischen Spritzmitteln manierliche Früchte brächten. Die Sorten gäbe es doch, wir müssten sie gar nicht erst erfinden. Da mir niemand der Ökokollegen folgen wollte, trat ich nach zehn Jahren aus dem Bioland-Verband aus. Erst in neuester Zeit flammt diese Diskussion wieder auf, angeregt durch die Untersuchungen und Anregungen des Pomologen Hans-Joachim Bannier (s. Literaturverzeichnis).

Gelber Richard

Die ersten zehn Jahre meines Boomgarden-Projekts waren die härteste Zeit für mich. Ich hatte meine Aufgabe gefunden und war von der Wichtigkeit und Richtigkeit meiner Ideen überzeugt, hatte aber sozusagen keinen Beleg für meine Thesen in der Hand. Meine Jungbäume in alten Sorten standen, nachdem sie zwei bis drei Jahre zur Baumschule gegangen waren, nun an dem Ort ihrer Bestimmung auf dem von mir gepachteten Land und verursachten Kosten und Arbeit. Da ich sie größtenteils auf stärkerwüchsigen robusten Unterlagen hatte veredeln lassen, ließen sie naturgemäß auch einige Jahre mit dem Ertragsbeginn auf sich warten.

Meine **Gelben Richard** trugen im 14. Standjahr zum ersten Mal voll, **Rotfranch** im 18., **Roter Gravensteiner** im 20. Standjahr. Gott sei Dank waren viele Sorten doch erheblich schneller, und außerdem hatte ich auch immer noch daneben Anbauflächen mit Bäumen im Vollertrag in Pacht. Nur gut, dass ich zu Beginn meiner Karriere als selbstständiger

Obstbauer nicht zu einem Berufsberater gegangen war. Er hätte mir gewiss eindringlich abgeraten, ohne jegliches Eigenkapital so etwas Waghalsiges auch nur probeweise zu versuchen. Die Quittung kam natürlich prompt: Die ersten 15 Jahre meiner beruflichen Selbstständigkeit schrammte ich mit einem Einkommen deutlich unter der Armutsschwelle immer haarscharf an der Grenze zur Insolvenz entlang.

Dann wurde es besser. Die Jungbäume begannen zu tragen, ich hatte endlich etwas in der Hand, im wahrsten Sinne des Wortes. Ab Ende der 1990er-Jahre begann sich auch die Öffentlichkeit zunehmend für das Thema zu interessieren. Berichte über mein Boomgarden-Projekt erschienen in Zeitungen und Zeitschriften, Hörfunk und Fernsehen folgten. *»Mein großes Apfelbuch«*, zuerst noch *»Brandts Apfellust«*, wurde ein großer Erfolg und verkaufte sich über die Jahre viele Tausend Mal. Die Nachfrage nach Jungbäumen stieg ständig, es konnten viele Tausend Bäume zur Pflanzung in Hausgärten und auf Streuobstwiesen verkauft werden. 2007 lernte ich meine jetzige Frau Judith Bernhard kennen, 2008 zog sie zu mir auf den Hof und wir heirateten, da war ich immerhin schon 58, aber es war meine erste Heirat. Steinböcke haben es nicht immer so eilig. Da wir die zahlreichen Aufgaben nun zu zweit anpacken konnten, ging es jetzt mit unserem Projekt schneller voran.

Ein Problem aber blieb noch jahrelang ungelöst: Die gesamten Schätze des Boomgarden-Projekts standen auf gepachtetem Land. In nicht allzu ferner Zeit würden die Pachten ablaufen, die Pachtnachfolger würden mit diesen Schätzen nichts anfangen können und die Bäume roden. Ich hatte zwar diverse Sorten auf unterschiedlichen Standorten zur Erhaltung abgegeben, aber oft war die Pflege und Versorgung der Bäume dort suboptimal, d.h. die Bäume kümmerten vor sich hin oder gingen an dem vermeintlichen Ort ihrer Rettung gar ganz ein. Ein eigenes Stück Land musste her.

Das war nun zwar gut erkannt, aber schwierig umzusetzen. Land ist in den letzten Jahren immer knapper und teurer geworden, vor allem verursacht durch den Landhunger der Biogasanlagen-Betreiber. Ich fing trotzdem schon einmal an, Jungbäume meiner wichtigsten Sorten anzuziehen; bis ein pflanzbarer Hochstamm fertig ist, können bis zu sechs Jahren vergehen. In zwei Kilometern Entfernung tat sich eine Möglichkeit auf: Ein Resthof mit zwei Hektar guten Marschenbodens wurde zwangsversteigert. Aber der schließlich verlangte Verkaufspreis überstieg unsere finanziellen Möglichkeiten.

Mittlerweile wuchsen in meinen Baumschulquartieren mehrere Hundert Jungbäume heran, die dringend auf die Ankunft der rettenden Arche warteten. Diese kam dann – gerade noch rechtzeitig – in Form eines 3,8 Hektar großen Ackerstücks in der Nähe von Helmste, acht Kilometer südlich von Stade. Das Land war seit Jahrzehnten im Besitz der Familie meiner Frau, aber an einen Maisbauern verpachtet. Mit zwei Jahren Vorlauf wurde die Pacht gekündigt, und ab November 2012 konnten die ersten 500 Bäume in den neuen Boomgarden-Park Helmste gepflanzt werden.

Der größte Teil der neuen Anlage wurde als klassische Streuobstwiese konzipiert. 500 Hochstämme Äpfel, Birnen, Pflaumen und Kirschen, meist zwei Exemplare je Sorte, und 200 Halbstämme Äpfel in zusammen etwa 350 alten und regionalen Sorten fanden hier ein neues Zuhause. Hinzu kamen noch Quitten, Nüsse, Ebereschen, Elsbeeren, Kirschpflaumen, Haferschlehen und diverse buschförmige Wildobstarten wie Berberitzen, Kornelkirschen, Schlehen, Sanddorn, Holunder, Wildrosen usw. Die Pflanzungen wurden durchgeführt von der Boomgarden-Regionalgruppe des Pomologen-Vereins mit Unterstützung des BUND und des Heimatvereins Helmste. Die Trägerschaft übernahm die BUND-Kreisgruppe Stade, unterstützt von der Boomgarden-Regionalgruppe. Unter

diesem gemeinnützigen Dach konnten wir auch eine kräftige finanzielle Unterstützung der Niedersächsischen Bingo-Umweltstiftung bekommen.

Jungclaus Roter

Das Wichtigste ist nun erst einmal umgesetzt: Hunderte von Jungbäumen in alten Sorten sind an einem sicheren Ort vor dem Untergang gerettet worden. Eine große Anzahl davon ist von mir selber in den letzten Jahrzehnten in der Region wiederentdeckt worden. Meist gab es offensichtlich nur noch weniger als fünf Exemplare der Sorte, oft war es wohl überhaupt schon der letzte Baum, der noch am Leben war. Manchmal habe ich nur noch mit großer Mühe vom letzten Exemplar seiner Art Reiser als Vermehrungsmaterial gewinnen können, um die Sorte wieder neu zu vermehren (**Gelbfranch**, **Gniedelstein**, **Brautapfel Rhade**, **Schneeapfel**, **Perle von Bützfleth**, **Jungclaus Roter**, diverse Prinzenäpfel etc.).

Der Boomgarden-Park soll in den kommenden Jahren immer stärker zu einem interessanten und wertvollen Biotop weiterentwickelt werden, in dem möglichst viele seltene Tier- und Pflanzenarten ein Zuhause finden. In Kooperation mit dem Heimatverein Helmste und der Behindertengruppe WoGee e.V. aus Harsefeld soll die Anlage gepflegt und ausgebaut werden. Um den Monokultur-Charakter der Pflanzung aufzubrechen, sollen auch (alte) Beerenobstarten, (alte) Gemüsearten, Kräuter und Wildkräuter als Permakultur-Elemente integriert werden. Ab 2017 werden wir unseren Wohnsitz nach Helmste verlegen, um uns vor Ort besser um den Ausbau des Boomgarden Parks kümmern zu können.

Ein langer Weg – von der ersten Begegnung mit alten, fast vergessenen Äpfeln bis zum großen Sortenerhaltungs- und Umweltprojekt, aus der Vergangenheit in die Zukunft.

Gerüchte, Verwechslungen, glückliche Zufälle

Das abenteuerliche Finden alter Apfelsorten

Es können sehr unterschiedliche Menschen sein, die alte Apfelsorten suchen. Am einfachsten ist denen zu helfen, die alte Apfelsorten für den privaten Hausgarten oder für die Anlage einer Streuobstwiese haben möchten. Im deutschsprachigen Raum gibt es immerhin ein paar Dutzend gut bestückter Obstbaumschulen (die wichtigsten davon finden Sie in unserm Service-Teil ab S. 86). Insgesamt kann man inzwischen aus Hunderten alter Sorten wählen; es gibt zwar immer auch einige Verwechslungen und Duplikate, die unter verschiedenen Synonymen mehrfach aufgeführt werden, aber die Mehrzahl der Sorten ist auch dank der Überprüfung durch Sortenexperten des Pomologen-Vereins durchaus echt.

Gelbfranch

Schwieriger wird es, wenn man Sorten sucht, die in keinem Angebotskatalog mehr stehen – Sorten, die man aus mündlicher Überlieferung kennt oder von denen man mal in alten Büchern gelesen hat. In den großen Sortenverzeichnissen der Pomologen des 19. Jahrhunderts werden Hunderte Namen aufgeführt, die uns heute gar nichts mehr sagen und von denen man noch nie gehört hat. Nehmen wir als Beispiel das »Handbuch über die Obstbaumzucht und Obstlehre« von Johann Ludwig Christ, seinerzeit »Pfarrer zu Kronberg an der Höhe« (also am Taunus) und damals ein großer Pomologe. In der mir vorliegenden 3. Auflage von 1804 werden 329 Apfelsorten aufgeführt, von denen uns heutzutage vielleicht noch 20 Prozent geläufig sind. Wo sind die übrigen geblieben? Sind sie untergegangen und/oder durch andere – bessere? – ersetzt worden? Wo ist zum Beispiel die **Tulpen-** oder **Tulipan-Reinette** geblieben? Gebe ich diesen Namen in die Internetsuche ein, erhalte ich die Nachricht »Es wurden keine mit Ihrer Suchanfrage übereinstimmenden Dokumente gefunden«.

Nun ist Pfarrer Christs Werk ja schon über 200 Jahre alt, und in dieser langen Zeit ist in der Apfelwelt auch Umwälzendes passiert. Versuchen wir es mit einer Sorte aus der Sammlung des bayerischen Apfelpfarrers Korbinian Aigner; Willi Votteler hat sie im »Verzeichnis der Apfel- und Birnensorten« erstmals 1978 veröffentlicht. Wie steht es mit **Pfotenhauers Renette**? Fehlanzeige. Auch bei dem **Polnischen Papierapfel** erhält man nur den Hinweis, er werde noch 1889 in Theodor Engelbrechts »Deutschlands Apfelsorten« erwähnt. Dort findet man dann eine halbseitige Beschreibung des Apfels und als Illustration einen in schwarzweiß gehaltenen Längsdurchschnitt. Das hilft natürlich noch nicht viel weiter beim Auffinden der gesuchten Sorte. Man merkt sehr bald, dass man auf diese Weise wohl kaum allzu viele alte Sorten wieder aufstöbern wird.

Das Wissen über wirklich seltene alte Sorten – und das Wissen über ihren Verbleib! – ist in der Regel nicht mal eben im Internet zu finden. Falls es überhaupt schriftliche Quellen gibt, kann man oft mit Erfolg die Bücherei des Deutschen Gartenbaus e.V. an der TU Berlin konsultieren. Viele alte Fachbücher und -zeitschriften sind hier auch online einsehbar. Oftmals gibt es aber gar nichts Schriftliches oder nur minimale Informationen wie Erwähnungen in historischen Erntestatistiken, Pflanzlisten oder Baumschulkatalogen. Schaue ich z.B. in eine Erntestatistik des Alten Landes von 1939, dann erfahre ich, dass damals 123 Zentner **Gniedelstein**, 782 Ztr. **Gelbfranch** und immerhin 1.990 Ztr. **Trin Adelheid** geerntet worden sind. Weiter erfahre ich nichts. Ziehe ich noch die »Anordnung über Preise und Preisgruppeneinteilung für Kernobst 1941« zu Rate, erfahre ich, dass alle drei erwähnten Sorten der Preisgruppe IV zugeordnet, also nicht gerade als kostbare Tafeläpfel wertgeschätzt waren. Ich weiß nicht, wie sie aussahen, wie sie geschmeckt haben, wie lange sie haltbar waren. Keine guten Voraussetzungen für eine erfolgreiche Suche. Und doch bin ich im Laufe der Jahrzehnte, in denen ich mich damit beschäftigt habe, weiter gekommen.

Trin(chen) Adelheid, auch **Kathrin Adelheid** wurde mir zuerst in Fredenbeck auf der Stader Geest genannt: »Hier hat der Baum gestanden«, sagte mir der alte Bauer und zeigte auf einen Platz auf der Weide hinterm Hof. Gut, nur es war nicht einmal ein Stubben mehr von ihm vorhanden. Immerhin konnte der ehemalige Besitzer mir den Apfel noch beschreiben: ein kleiner, roter, fester Apfel, der sich bis Pfingsten hielt. Weiter konnte mir später mein Kollege Georg Ramm helfen: »Frag mal den alten Ahlf, der hat in Hasenfleth noch einen alten Obsthof, da soll noch ein **Trin Adelheid** stehen.« Doch der alte Ahlf konnte sich auf Nachfrage leider auch nicht mehr erinnern, wo genau er diese Sorte einmal gesehen hatte.

Einfacher war es mit dem **Gelbfranch**. Ich hatte es 1996 immerhin schon so weit gebracht, dass die eine oder andere Lokalzeitung für mein Thema zu begeistern war. In einem der ersten Artikel konnte ich einen Aufruf platzieren: Besitzer interessanter alter Apfelsorten möchten sich bitte mit mir in Verbindung setzen. Die Resonanz war grandios – aus den Kreisen Stade und Harburg, wo das Blatt erschien, kamen Meldungen von über 60 alten Sorten, denen ich dann nachgehen konnte.

Eine dieser Meldungen kam aus Rübke bei Buxtehude. Ein alter Bauer hatte hinter seiner Scheune noch einen **Gelbfranch**-Baum stehen. Er wusste zu erzählen, dass der Baum schon vor 1900 gepflanzt worden und die Sorte von Verwandten von nordwestlich von Bremervörde gekommen war, also aus der Gegend, wo es auch noch **Weiß-** und **Rotfranch-**Äpfel gibt. Ein interessanter mittelgroßer Apfel, flachrund, gelb in der Grundfarbe mit leichten roten Streifen, ähnlich am ehesten einem **Dülmener Rosenapfel**. Diese Sorte wurde mir zwar immer mal wieder genannt, aber einen zweiten Baum von ihr habe ich nie mehr gefunden.

Und der **Gniedelstein**. »Was für ein Name! Wo mag der denn wohl herkommen?« – »Vielleicht von einem Schloss in Oberfranken«, mutmaßte meine damalige Frau, die aus Würzburg stammte. Doch das war eine falsche Fährte, die Lösung lag viel näher, man musste nur drauf kommen. Von diesem Apfel kannte ich jahrelang nur die beiden kurzen Erwähnungen in den oben genannten norddeutschen Quellen, doch damit kam ich ja nicht weiter. Oft kommt man mit solchen Fragen jahrelang nicht voran. Es muss dann von irgendwo her der entscheidende Hinweis gegeben werden, sonst verläuft die Suche im Sande, und eine weitere Sorte kann in die Liste der untergegangenen Äpfel eingetragen werden.

Doch im Fall **Gniedelstein** kam der entscheidende Hinweis rechtzeitig. Auf einem Apfeltag in Bremervörde stand da Hinni Busch vor mir, Bauer im fünf Kilometer entfernten Elm, und sagte: »Du sammelst doch alte Sorten.« Er sprach natürlich Platt mit mir, darum sagte er auch »Du«. »Hast du eigentlich schon den **Gniedelstein**?« Das sind dann so die Momente im Pomologen-Leben, da könnte man Luftsprünge machen, wenn man nicht so dick wäre. »Ich kenne den schon seit meiner Kindheit«, sagte Hinni, »mein Großvater hatte die Sorte schon, und jetzt steht noch ein 80-jähriger Baum bei meinem Cousin in Elmerheide«. Er hatte noch Reste von Früchten aufgesammelt, Ende Oktober waren sie schon fast vergangen. Soweit man es noch erkennen konnte, handelte es sich um flachrunde gelbe Früchte, saftig waren sie (gewesen), mit einem interessanten, ananasartigen Aroma. Im Winter konnte ich Reiser von dem Baum nehmen. Auch hier war es wohl der letzte Baum dieser Sorte, jedenfalls ist mir kein zweiter mehr untergekommen.

Ein, zwei Jahre später meldete sich Hinni Busch wieder bei mir. Er wisse jetzt auch, woher der Name Gniedelstein für den Apfel käme. Er habe auf dem Verkehrsamt in Bremervörde zu tun gehabt, und dort sei er im Foyer des Gebäudes auf so eine Glasvitrine gestoßen, die das be-

nachbarte August-Bachmann-Museum mit lauter Gniedelsteinen bestückt habe, handschmeichlergroße, flachrunde Glaskugeln, die man früher zum Glätten von Tuch benutzt habe. »Und die haben doch tatsächlich genau die gleiche Form wie unser Apfel«, sagte er. »Gniedeln«, fiel mir ein, war ein altes plattdeutsches Wort für »(auf etwas) herumrubbeln, -reiben«, und »Gniedelsteine« waren das Werkzeug, mit dem man das tat. Also: nix mit Schloss in Oberfranken ...

Das hätte nun das Ende dieses Kapitels sein können. Wir Pomologen hätten dann geschrieben: »alte regionale Apfelsorte, schon vor 1900 in Nordniedersachsen bekannt.« Doch die Geschichte geht weiter; in Wirklichkeit geht die Geschichte oft noch lange weiter, auch wenn die Historiker einen Schlusspunkt setzen. Sie setzen den Schlusspunkt zumeist ja nicht, weil sie den Anfang einer Geschichte zu fassen bekommen haben, sondern weil sie auf keine weiter zurückreichenden Quellen mehr gestoßen sind.

Die nächstältere Quelle zum Thema **Gniedelstein** datiert ins Jahr 1804. Auf dem Bauernmarkt in Bremerhaven drückte mir ein Kunde, der von meinen historischen Interessen wusste, eine Kopie aus den »Jahrbüchern der Männer vom Morgenstern«, das ist der dortige Heimatbund, in die Hand. Dargestellt darin war die Geschichte der seinerzeit wirklich großen und weit über die Region hinaus bekannten Baumschule des Ma-

Signe Tillisch

jors Üllner in Alt-Luneberg, 20 Kilometer östlich von Bremerhaven. Mit abgedruckt war ein Angebotskatalog dieser Baumschule aus dem Jahr 1804, und in diesem stand – zwischen vielen aus England importierten Sorten – gleich auf Seite 1 der **Gniedelstein**. Also: Vor 200 Jahren gab es diese Sorte auch schon in unserer Region. Können wir dieses Kapitel nun schließen? Vorläufig nur, bis zum nächsten historischen Fund, der kommt – oder auch nicht kommt.

Er kommt, wenn auch erst ein paar Jahre später: Der Bielefelder Pomologenkollege Bannier findet im historischen Archiv des hannoverschen Klosters Loccum eine Auflistung von Obstsorten eines Amtmanns aus Rotenburg an der Wümme von 1755, in der u.a. der **Gniedelstein** erwähnt wird. Hier schließt nun das Kapitel **Gniedelstein**, fürs erste.

Man sieht: Pomologische Forschungen brauchen einen langen Atem. Die Antworten auf die vielen offenen Fragen lassen sich nicht mal eben mit ein paar Klicks aus dem Internet herunterladen – es gilt, über Jahre am Ball zu bleiben, Augen und Ohren offen zu halten und sich mit anderen interessierten Apfelfreunden auszutauschen. Dann findet sich hier ein Mosaiksteinchen und dort ein anderes, und langsam fügen sich Bilder zusammen. Oder auch nicht, manchmal findet man statt Antworten auch nur immer weitere offene Fragen.

Manche Fragen aber beantworten sich Gott sei Dank auch erfreulich schnell. »Kennen Sie die Sorte **Tine Pülsch**?«, fragte mich eine ältere Dame und hielt mir einen schönen, großen, lieblich duftenden Apfel unter die Nase. »Ja, den kenne ich wohl«, sagte ich, »überall sonst heißt er **Signe Tillisch**«. Der dänische Frauenname für diesen schönen **Gravensteiner**-Sämling war wohl für norddeutsche Zungen gar zu ungewohnt gewesen.

Apropos **Gravensteiner**: Aus Bremen berichtete ein Kunde, er habe in einem dortigen türkischen Obst- und Gemüseladen einen herrlich leckeren Apfel gekauft, der habe »Gräfin Steiner« geheißen. Wer um Gottes

Willen war die Gräfin Steiner? Die in den Adel erhobene Schwester von Rudolf Steiner? Natürlich nicht. Die Bremer Ladner hatten nur den **Gravensteiner** in den falschen Hals bekommen.

Gravensteiner

Oder kennen Sie den **Château Soupée**? Mein Onkel in der Nordheide brachte mir Früchte dieser angeblichen Sorte aus seinem Hausgarten mit. Was für ein verwunderlicher Name: Château heißt doch das Schloss und Soupée das Abendessen, und wie entsteht aus diesen beiden Komponenten nun ein Apfel? »Den kenne ich doch«, sagte der Kollege Bannier, dem ich die Früchte zeigte. »Wart mal – das ist doch **Laxtons Superb**!« Das ist nun doch schon eine Glanzleistung aus dem Bereich der Verballhornung: Ein Plattdeutscher verschiebt einen englischen Namen unter Beibehaltung aller Vokale ins Französische, wechselt aber alle Konsonanten aus ...

Das Französische geht uns Norddeutschen sowieso nicht leicht über die Zunge, und so machten dann die Holsteiner im 19. Jahrhundert aus dem **Passe Pomme Rouge**, dem **Roten Sommerstreifling**, den viel leichter auszusprechenden **Pasmerosen**-Apfel. Aber auch englische Sortennamen wurden schon im »Goldenen Zeitalter der Pomologie«, dem 19. Jahrhundert, gnadenlos verballhornt. So wurde der englische **Syke House Russet** in Holland falsch gedeutet und zum **Ziekenhuis Russet**, also Krankenhaus-Apfel, was nun aber gar zu ungesund klang und darum vornehm in **Englische Spital Renette** eingedeutscht wurde. Oder der Apfel aus dem englischen Ort Sydenham in Devonshire, den die Holländer zu **Sydenhemdje** machten und wir Deutschen dann, ihnen folgend, zu **Seidenhemdchen**.

Manche altimportierten Sorten haben ihre ursprünglichen Bezeichnungen auch komplett eingebüßt und sich mit braven deutschen Namen unter die hiesigen Landeskinder gemischt. So fand ich vor fast 20 Jahren in Anderlingen bei Bremervörde einen **Rotapfel**, den ich jahrelang für eine dortige Lokalsorte hielt. Bis dann der hessische Pomologe Dr. Norbert Clement über sie stolperte. Er hatte sich einige Jahre zuvor Reiser eines **Englischen Scharlachpeppings** besorgt und stellte nun fest, dass seine Früchte mit denen meines **Rotapfels** identisch waren. Ein Kenner skandinavischer Sorten identifizierte meinen **Großmutterapfel** aus der Nordheide als identisch mit der schwedischen Sorte **Akerö**.

Manchmal muss man bei der Identifizierung einer vermeintlichen Lokalsorte auch erst einmal den richtigen Anstoß bekommen. Eine Kehdingerin brachte mir einen großen, stattlichen Frühapfel und erzählte, ihr Vater, ein Herr Ossenbrügge, habe diese Sorte in seinem Obstgarten entdeckt. Er habe diese Früchte schon Apfelkennern bei der Elbe-Obst Genossenschaft und bei der Obstbauversuchsanstalt gezeigt; keiner könne sie identifizieren. Da habe er gesagt, er hätte jetzt keine Lust mehr, weiter herumzuforschen – er werde die Sorte jetzt nach sich selber **Ossenbrügges Pracht** nennen. Als ich mir die Früchte genauer ansah, stellte ich fest, dass **Ossenbrügges Pracht** auch auf zwei Bäumen einer von mir angelegten Streuobstwiese auf der Elbinsel Krautsand zu finden war. Es gab sie also des Öfteren. Laut meinem Pflanzplan sollten die besagten Bäume **Rote Finkenwerder Herbstprinzen** sein, was ja nun eindeutig nicht stimmte. Ich schaute mir die Bäume genauer an und stellte fest, dass sie in 1,8 Meter Höhe erst per Kopfveredelung mit der endgültigen Sorte veredelt worden waren, wie viele andere Bäume aus derselben Baumschule auch. Nur waren in diesen zwei fraglichen Fällen, ohne dass die Baumschuler es bemerkt hatten, die Veredelungen gar nicht angewachsen. Die kräftige Stammbildnersorte, die kurz über dem Boden auf die starkwüchsige Sämlingsunterlage veredelt worden war, war einfach an der nicht angenommenen Veredlung mit **Rotem Finkenwerder Herbstprinz** vorbeigewachsen und hatte selber die Krone gebildet. Eine Rücksprache mit Kollegen bestätigte, es handelte sich um die aus Bayern stammende Sorte **Jakob Fischer**, die hier im Norden meist nur als Stammbildner zum Einsatz kommt.

Gelegentlich haben wir auch einmal namentlich bekannte, aber nirgendwo aufgespürte Sorten systematisch gesucht, indem wir sie gezielt in Zeitungen oder Flyern zu Apfeltagen in den Fokus des Interesses gestellt haben. In der Regel passierte danach nicht viel, stattdessen präsentierten uns die Leser ihre eigenen namenlosen Sorten.

Nur einmal waren wir mit einer solchen Aktion richtig erfolgreich, und das, obwohl mir zu Beginn dieser Geschichte recht mulmig zumute war. Es war Ende der 1990er-Jahre, als in Bremen das Thema alte Apfelsorten in aller Munde war. Kollegen vom BUND Bremen meinten, wir sollten mal etwas mehr Dynamik in den geplanten Bremer Apfeltag bringen. Wir könnten doch mal an die große Glocke hängen, dass wir eine verschollene alte Bremer Apfelsorte suchten, steckbrieflich sozusagen. Sie wollten dann dazu Stelltafeln in den Fußgängerzonen aufstellen mit einem »Profil« der gesuchten Sorte und für den Überbringer der ersten Früchte der gesuchten Sorte eine Belohnung von 25 Kilo Äpfeln ausloben. Was ich denn dafür als gesuchte Sorte empfehlen würde. Spontan fiel mir ein Eintrag aus den »Sortenempfehlungen für die Provinz Hannover« von 1907 ein. Dort fand sich unter den empfohlenen Lokalsorten ein **Uphuser Tietzenapfel**, ohne Abbildung natürlich und mit drei dürren Adjektiven charakterisiert: »hochgebaut, mittelgroß bis groß, vorzügliche Tafel- und Wirtschaftsfrucht.« Ein Allerweltsapfel anscheinend. Und wie sollten wir dann überprüfen können, ob uns etwaig vorgelegte Äpfel wirklich **Uphuser Tietzenäpfel** waren? Wenn nun ein Scharlatan käme, der an unsere ausgelobte Prämie wollte und uns irgendwelche verknorzten Streuobstäpfel unter die Nase hielte mit der Behauptung, das seien die gesuchten **Uphuser Tietzenäpfel**? Das Porträt der gesuchten Sorte fiel notgedrungen äußerst unscharf und vage aus.

Am Termin des Apfeltags waren wir gespannt, was wohl passieren würde. Es passierte zunächst erst einmal gar nichts. Doch dann, gegen 14 Uhr, kam ein etwas schüchterner jüngerer Mann mit ein paar kleinen

Äpfeln in der Hand. »Mein Vater schickt mich her. Vater sagt, wir haben dieses Jahr so wenig Äpfel. Geh da doch mal hin und zeig ihnen unsere **Tietjenäpfel**. Vielleicht gewinnen wir ja die 25 Kilo.« Das war nun gewiss kein großer Bluffer oder Schauspieler, der da vor uns stand; der Mann konnte gar kein Betrüger sein, und seine Äpfel waren dementsprechend wohl auch echt. Wir notierten seine Adresse, damit wir bei ihm im Winter Reiser schneiden konnten, und gaben ihm die gewonnenen Äpfel mit nach Hause. Eine Stunde später tauchte ein weiterer Herr auf aus dem benachbarten Bremen-Mahndorf und zeigte uns die gleichen Äpfel. Auch er nannte sie **Tietjenäpfel**; **Tietzenapfel** war also wohl ein fast 100 Jahre alter Schreib- oder Hörfehler. Der Kollege Ruhnau recherchierte später, dass diese Sorte vom Uphuser Lehrer Friedrich Seebode als Zufallssämling im Garten seiner Schwiegereltern in Uphusen gefunden und nach seiner Frau, einer geborenen Tietjen, benannt worden war.

Ist dies nun eine Bereicherung der pomologischen Vielfalt? Auf den ersten Blick erscheint dies nicht unbedingt zwingend. Ein relativ kleinfrüchtiger Apfel, immerhin schön freundlich rotgelb gefärbt und von einem passablen Aroma. Das, was diesen Apfel durchaus wertvoll macht, erschließt sich erst auf den zweiten Blick: Er ist im »Karnickelsand« der Bremer Weserdünen entstanden und kommt daher auch noch mit Bodenverhältnissen klar, bei denen die meisten unserer Apfelsorten wegen zu großer Trockenheit passen müssen. Die Natur ist gewaltig anpassungsfähig und liefert auch noch für fast unmöglich erscheinende Standorte Lösungsangebote. So hat die niederländische Landwirtschaftsuniversität in Wageningen eine Kollektion von Zufallssämlingen aufgepflanzt, die im Dünensand der westfriesischen Insel Schiermonnikoog aus den Kernen weggeworfener Touristenäpfel aufgewachsen war.

Man sieht, es ist gar nicht so einfach, alte Apfelsorten zu finden. Sie stehen nicht so eben mal am Straßenrand, wo man sie nur noch zu entdecken braucht. Sie wachsen oft versteckt in irgendwelchen Hausgärten, im hintersten Winkel alter Obsthöfe, hinter alten Scheunen und Speichern. Und wenn der jeweilige Besitzer sich nicht meldet, dass er noch eine vielleicht interessante alte Obstsorte hat, wird man sie nie entdecken, weil der Standort zumeist von außen gar nicht einsehbar und das Gelände gar nicht frei zugänglich ist. Aufrufe, solche Sorten zu melden, verhallen oft ungehört, und wenn das Gelände dann womöglich nach dem Tode des Eigentümers den Besitzer wechselt, ist meistens alles zu spät, denn der neue Eigentümer hat garantiert Wichtigeres zu tun, als nach den Namen der alten Obstbäume zu forschen. Das führt dann dazu, dass wahrscheinlich noch Dutzende, wenn nicht Hunderte von alten Sorten unerkannt bis zu ihrem endgültigen Absterben versteckt in der Gegend stehen, die die Pomologen händeringend suchen, aber nicht mehr rechtzeitig finden werden.

Mir scheint, sinnvoller als gar zu verbissen zu suchen, ist es, Sorten zu finden. Manchmal findet man besser, wenn man nicht gar zu heftig sucht. So geschah es mir mit dem **Mecklenburger Kantapfel**. Ich war zu Fuß in der Hamburger Hoheluftchaussee unterwegs, als eine kleine, schon deutlich über 70-jährige Dame zielstrebig auf mich zusteuerte: »Sie sind doch der Apfelmann, ich kenne Sie doch aus der Zeitung. Ich wollte schon immer mal zu Ihnen auf den Marktstand kommen. Schön, dass Sie mir über den Weg laufen«. Und dann erzählte sie mir die Geschichte ihres Lieblingsapfels, dem **Mecklenburger Kantapfel**. Ich dachte, die Dame ist auch schon 'n büschen öller, und fragte nach, ob sie nicht doch den **Danziger Kantapfel** oder den **Mecklenburger Königsapfel** meine, weil ich von einem **Mecklenburger Kantapfel** noch nie gehört hatte. Nein, nein, das wisse sie genau, ihr Vater, der diesen Baum ihrer Kindheit 1925 in den Garten des frisch erworbenen Grundstücks in Berlin-Biesdorf gepflanzt hatte, habe ihn immer **Mecklenburger Kantapfel** genannt. Ein schöner, runder, ganz roter Apfel sei das, sie werde mir Fotos davon schicken. Sie habe nämlich immer den Kontakt zu »ihrem Baum« aufrecht erhalten, auch wenn sie schon seit 1945 in Hamburg wohne. Einmal im Jahr – entweder zur Blüte oder zur Erntezeit – fahre sie nach Berlin, ihn zu besuchen, und die Ostberliner Lehrerin, der jetzt Haus und Grundstück gehöre, setze dann einen Gartenstuhl neben den Baum. Dann würde sie ihn einmal freundschaftlich umarmen und sie würden sich gegenseitig versprechen, noch eine Weile durchzuhalten ...

Danziger Kantapfel

Als dann im folgenden Herbst die Jahreshauptversammlung des Pomologen-Vereins im Obstbauinstitut im brandenburgischen Müncheberg stattfand, fuhr ich bei der besagten Ostberliner Lehrerin vorbei, die mir bereitwillig einen Korb schöner roter Früchte zur Verfügung stellte (»Meine Kinder essen die eh nicht, die essen nur Äpfel aus dem Supermarkt!«).

Mecklenburger Kantapfel

Wenn ich mir nun vorgestellt hatte, meine Entdeckung würde eine freudige Überraschung unter den Kollegen auslösen, sah ich mich getäuscht. »**Mecklenburger Kantäpfel** gibt es nicht. Das sind nur etwas zu platt geratene **Danziger Kantäpfel**«, meinte der Institutsleiter. Das war nun eindeutig falsch, ich hatte gleich eine Kopie der Sortenbeschreibung aus dem »Illustrirten Handbuch der Obstkunde« Band 11 von 1883 mitgebracht. Ja, nein, vielleicht doch – der versammelte pomologische Fachverstand war sich nicht einig; man beschloss, die Sorte erst einmal noch ein paar weitere Jahre zu beobachten. (Typisch deutsch, dachte ich, solange wir nicht zu 98 Prozent sicher sind, sagen wir lieber erst einmal gar nichts. Wenn die belgischen Kollegen eine alte Sorte wiedergefunden haben, läutet ihr Vorsitzender gleich einmal die große Glocke und bestellt ein Team der lokalen Presse. Eine Frage der Mentalität, sicher. Aber auch eine Frage der Psychologie und der Effizienz: Der belgische Pomologen-Verein »Nationale Boomgaarden Stichting« hatte schon in den 1990er-Jahren 1.200 Mitglieder, der deutsche Pomologen-Verein hat 2014 gerade einmal 1.000 in einem x-mal größeren Land ...)

Wo gerade von Berlin die Rede war: Den **Berliner** haben wir auch wiedergefunden. Nur hat unser **Berliner** wahrscheinlich gar nichts mit der Hauptstadt zu tun, er ist dort auch keineswegs verbreitet (gewesen), sondern war vor 100 Jahren »vor allem in Bremen und den feuchten Regionen des Bremer Umlandes« anzutreffen, wie eine Gartenbauzeitung zu Beginn des 20. Jahrhunderts schrieb. Mir begegnete der **Berliner** zum ersten Mal vor gut zehn Jahren, als ich in einem Herbst einmal mit meinem Apfelstand auf einem Markt in Worpswede stand. Da kam ein älterer Herr auf mich zu und fragte, ob ich denn wohl den **Berliner** kenne, das sei doch früher hier so ein verbreiteter leckerer Apfel gewesen. Ich musste gestehen, dass ich diesen Namen noch nie gehört hatte.

Eine Stunde später trat ein anderer Herr an meinen Stand und sagte, ich würde mich doch immer für alte Apfelsorten interessieren, er hätte da noch den **Berliner** für mich. In der Wintersaison fuhr ich zu ihm nach Lilienthal (kurz vor Bremen) und konnte noch mit etwas Mühe in seinem schon sehr betagten **Berliner**-Baum ein paar Zweiglein entdecken, die man als Reiser zum Vermehren verwenden konnte. Wenn man dann erst einmal einen neuen Jungbaum einer alten Sorte gezogen hat, steht einem ja auch wieder ordentliches Vermehrungsmaterial zur Verfügung, und so konnten wir seitdem wieder diverse **Berliner** in »die feuchten Niederungen um Bremen« und anderswo auf feuchte, moorige Standorte schicken, wo die meisten Standardsorten nicht wachsen mögen und versagen.

Berliner

Wie kommt nun dieser Apfel zu seinem irreführenden Namen? Mit einer **Berliner Renette**, die manchmal noch durch die pomologische Literatur geistert, hat er offensichtlich nichts gemein. Eine andere mögliche Fährte tat sich auf, als der Pomologen-Verein 2001 anlässlich des 140-jährigen Jubiläums der Gründung des Pomologischen Instituts in Reutlingen ein schön illustriertes Werk des berühmten Reutlinger Pomologen Eduard Lucas neu herausbrachte: »Abbildungen württembergischer Obstsorten«, zuerst erschienen in Stuttgart 1858. In diesem Werk wird auch ein **Goldzeugapfel** vorgestellt, der von der Abbildung und von der Beschreibung her durchaus Ähnlichkeiten mit unserem **Berliner** aufweist. Unter »Synonyme« wird vermerkt, im Norden Württembergs, in der Gegend um Heilbronn, würde diese Sorte auch **Berlichinger** oder **Berlinger** genannt.

Sollte das des Rätsels Lösung sein? Ist der Apfel unter dem Namen **Berlinger** nach Norddeutschland gekommen, wo niemand mit diesem hier fremden Namen etwas anfangen konnte und man dann vielleicht annahm, das müsse doch wohl richtigerweise **Berliner** heißen? Der Apfel ist jedenfalls auch in Norddeutschland angebaut worden, wo Fachbücher des 19. Jahrhunderts den **Goldzeugapfel** u.a. in Mecklenburg und in Ostfriesland erwähnen.

Nun, dachte ich, dann wird sich das Rätsel doch wohl auflösen lassen. Ich packte ein paar schöne **Berliner** in ein Päckchen und schickte sie dem Kollegen Eckhard Fritz in Hohenheim bei Stuttgart mit der Bitte, doch mal zu überprüfen, ob denn unser **Berliner** mit dem süddeutschen **Goldzeugapfel** identisch sei. Leider gab es kein eindeutiges Ergebnis. In Württemberg waren unterschiedliche Varianten unter dem Namen **Goldzeugapfel** in Umlauf, und die Pomologen-Kollegen waren sich nicht einig, welche von ihnen denn nun der wahre **Goldzeugapfel** sein sollte.

POMOLOGEN VEREIN E.V.
Müschens Rosenapfel
Synonym:
Herkunft: Unbekannt, wurde von J.G.B. Müschen in Mecklenburg 1876 empfohlen und ihm zu Ehren benannt, die Sorte stammt aber wahrscheinlich nicht aus Mecklenburg.
Genussreife: September
Frühsorte für den baldigen Verbrauch, optisch ansprechende Sorte. Wurde vor einigen Jahren in
wiedergefunden.

Erfolgreicher bei der Suche nach der Identität ihres Apfels waren die Mecklenburger Pomologen-Kollegen. Sie hatten sich **Müschens Rosenapfel** vorgenommen. Diese ehemals namenlose Sorte war vom Deutschen Pomologen-Verein im 19. Jahrhundert zu Ehren der großen Mecklenburger Pomologen **Müschens Rosenapfel** getauft worden. Hermann Franz Müschen (1774–1847) und Johann Georg Bogislav Müschen (1812–1897), Vater und Sohn, hatten zu ihrer Zeit in (Prebberede-)Belitz südlich von Rostock als Küster gewirkt und daneben eine über Jahrzehnte florierende Baumschule aufgebaut.

Müschens Rosenapfel, der nicht in Mecklenburg entstanden war, aber nach der ehrenden Benennung der Mecklenburger Obstfreunde dort natürlich auch verstärkt angebaut wurde, war nun in der Gegenwart auch in Mecklenburg nicht mehr auffindbar. Bis dann jemand die Sorte unter diesem Namen in einem österreichischen Baumschulkatalog entdeckte. Ein sehr früh reifender rotgestreifter Tafelapfel. Die Mecklenburger ließen sich 2003 aus Österreich ein paar Früchte der Sorte schicken und stellten dann zu ihrer Verblüffung fest, dass sie identisch war mit Früchten, die an einem sehr alten Baum im Pfarrgarten von Belitz hingen. Sie hatten eine Sorte gesucht, die in Wirklichkeit immer vor Ort gewesen war. Sie konnten sie nur nicht identifizieren, weil sie nicht wussten, wie sie auszusehen hatte. Dabei war sie sogar mit einer sehr schönen farbigen Abbildung in der »Österreich-Ungarischen Pomologie« von 1888 verzeichnet, nur war dieses Werk natürlich sehr schwer zugänglich, bis es vor ein paar Jahren in kleiner Auflage beim BUND Lemgo nachgedruckt wurde.

Noch kurioser gestaltete sich die Suche nach einem anderen historisch bedeutsamen Apfel, dem **Korbiniansapfel**. Dies ist nun eine sogar relativ junge Sorte, ist sie doch erst Anfang der 1940er-Jahre im KZ im bayrischen Dachau entstanden. Dort war seinerzeit der aufrechte bayrische Apfelpfarrer Korbinian Aigner interniert; er hatte sich von den Nazis nicht den Mund verbieten lassen und »wiederholt den Führer beleidigt«. Auch in KZ-Haft mochte Aigner nicht von seinen geliebten Äpfeln lassen, die er zuvor in Freiheit Hunderte von Malen porträtiert und über Jahrzehnte seinen Bauern anempfohlen hatte. Er ließ sich Äpfel ins Lager schmuggeln, zog aus den Kernen kleine Apfelbäumchen, die wieder in die Freiheit geschmuggelt wurden. Der beste dieser Sämlinge, die zunächst KZ 1, KZ 2 usw. hießen, wurde später in **Korbiniansapfel** umbenannt.

Das ist nun natürlich eine starke Geschichte, die späterhin auch mehrfach von der Presse aufgegriffen wurde und dazu führte, dass pfiffige Baumschulen diese Sorte über das ganze Land verbreiteten. Mittlerweile sind viele dieser Bäume in Ertrag gekommen – und bringen die Sortenbestimmer des Pomologen-Vereins an den Rand der Verzweiflung. Denn was ihnen da als **Korbiniansapfel** vorgelegt wird, ist in weit mehr als 90 Prozent der Fälle eindeutig der aus dem holsteinischen Kellinghusen stammende Apfel **Stina Lohmann**. Christina (»Stina«) Lohmann (1798–1860) hatte im frühen 19. Jahrhundert diesen leckeren späten Winterapfel als Zufallssämling in ihrem Garten entdeckt. Der Baum wurde im Laufe der Jahrzehnte groß und trug stattliche Mengen an Früchten, die die alleinstehende Stina Lohmann gar nicht alle verwenden konnte. Sie verschenkte also immer viele Früchte an Freunde und Nachbarn, die diese bislang namenlose Sorte dankbar nach Stina Lohmann benannten.

Aber wie kann den nun eine holsteinische Lokalsorte des 19. Jahrhunderts mit einem KZ-Sämling identisch sein? Kann sie natürlich nicht, denn die Natur wiederholt sich nicht und bringt nie zwei völlig identische Sorten hervor. Nun gibt es seit wenigen Jahren eine neue, wissenschaftlich unbestechliche Möglichkeit, solchen Fragen nachzugehen: die genetisch-molekularbiologische Untersuchung. Das ist sozusagen die Erstellung eines genetischen Fingerprints, mit dem man feststellen kann, ob die DNA zweier Sorten identisch ist oder nicht. Es wurden zehn angebliche **Korbiniansäpfel** zur Untersuchung gegeben, neun davon waren identisch mit **Stina Lohmann**, einer wich ab – nicht erheblich, aber doch deutlich wahrnehmbar. Auch dieser sah weitgehend wie **Stina Lohmann** aus, offenbarte aber bei genauerer Analyse einige kleinere Abweichungen von dieser Sorte. Dieser Apfel war vom bayrischen Pomologen Anton Klaus herangeschafft worden, der seinen **Korbiniansapfel** vom ehemaligen Messdiener des Apfelpfarrers bekommen hatte.

Es gab also einen eigenständigen **Korbiniansapfel**. Nur, wie konnte es zu einer so großen Ähnlichkeit mit dem Apfel **Stina Lohmann** kommen? Hier müssen wir uns auf Mutmaßungen zurückziehen. Der Apfelpfarrer hat in seinem großen Bilderwerk auch den Apfel **Stina Lohmann** porträtiert. Er muss den Apfel also selber in der Hand gehabt haben, vielleicht stand er sogar in seinem Pfarrgarten. So dürfte dann also wohl ein Apfel dieser Sorte ins KZ-Lager geschmuggelt worden sein, und Aigner hat vermutlich einen Kern dieser Sorte zu einem kleinen Sämling angezogen – anders ist die übergroße Ähnlichkeit zwischen den beiden Sorten nicht erklärbar; es müssen Mutter und Tochter sein.

Das Paradies der Vielfalt

Die Urheimat unserer heutigen Kulturäpfel

Bei so vielen Sorten Äpfel, die es im Laufe der Jahrhunderte offenbar gegeben hat und überraschenderweise noch heute gibt, stellt sich die grundlegende Frage, woher der Apfel denn ursprünglich kam, ehe er immer weiter verändert und vermehrt wurde. Doch auf der Suche nach der Urheimat unserer heutigen Äpfel tappte man lange Zeit im Dunkeln. Stammten sie von dem bei uns heimischen Holzapfel (Malus sylvestris) ab oder von einer der Dutzenden anderen bekannten Wildapfelsorten? Wildapfelarten gibt es auf dem ganzen Globus - welche war der Urahn unserer heutigen Kulturäpfel? Oder war dieser das Produkt von Kreuzungen aus verschiedenen Wildäpfeln unterschiedlicher Herkunft, wie man lange Zeit annahm?

Um diese Frage endgültig klären zu können, bedurfte es einiger Entwicklungen, die das Finden der Antworten erst möglich machten: Die moderne genetische Forschung musste erst in der Lage sein, verwandtschaftliche Beziehungen zwischen einzelnen Pflanzen zweifelsfrei nachweisen zu können, und die in Frage kommende Region musste erst einmal überhaupt für moderne Forscher zugänglich gemacht werden.

Auf die richtige Fährte gestoßen war in den 1930er-Jahren der große russische Botaniker und Genetiker Nikolai Wawilow (1887–1943). Auf der Suche nach dem Ursprung unserer modernen Kulturpflanzen entwickelte er die Theorie, diese hätten ihre ursprüngliche Heimat in ihren jeweiligen regionalen genetischen Kernzentren, in denen die entsprechenden Wildformen in besonders vielfältiger Form entstanden und vorhanden seien. Er führte viele große Forschungsreisen durch und sammelte Unmengen genetischen Materials, das heute in dem nach ihm benannten St. Petersburger Wawilow-Institut aufbewahrt wird und mangels Unterstützung durch den russischen Staat akut vom Untergang bedroht ist.

Auf einer seiner Reisen nach China, wo er den Ursprungsarten unserer modernen Getreide nachging, überquerte er in einer sehr strapaziösen Tour auch das zwischen dem westlichen China und dem östlichen Ka-

sachstan liegende Tian-Shan-Gebirge und kam in die kasachische Hauptstadt Almaty, die früher Alma-Ata hieß, »Vater der Äpfel«. Zu seiner Verblüffung stieß er auf regelrechte Apfel-Urwälder mit Millionen von wildwachsenden Apfelbäumen, die alle unterschiedlich zu sein schienen. Hier musste das genetische Kernzentrum des Apfels liegen.

Bevor er dieser Frage wissenschaftlich weiter nachgehen konnte, kerkerte Stalin den international hochangesehenen Wissenschaftler 1940 ein und ließ ihn zum Tode verurteilen. Stalin hasste die moderne Genetik und brandmarkte sie als westlich bourgeois und dekadent. Zwar wurde die Todesstrafe noch in eine 20-jährige Haftstrafe umgewandelt, doch Wawilow starb am 26. Januar 1943 in der Haft, wahrscheinlich an Hunger.

Apfelurwald in Kasachstan

Ein großes Glück für die Wissenschaft war, dass in den 1930er-Jahren ein junger, hochbegabter kasachischer Student zu Wawilow gestoßen war, dem die Erforschung der Herkunft des Apfels eine Herzensangelegenheit und Lebensaufgabe wurde: Aymak Djangaliev (1913–2009). Am Rande des Urals geboren, verlor er in der Oktoberrevolution seine Eltern und alle älteren Geschwister. Sämtlichen widrigen Umständen zum Trotz gelang es dem begabten Waisenknaben, eine höhere Schule und später sogar die Universität zu besuchen. Er studierte unter Wawilow in Moskau und wurde dessen Doktorand mit einer Arbeit über die Apfel-Urwälder in Kasachstan.

Eine grandiose Dissertation: In einem arte-Film von 2010 sieht man den zierlichen alten Herrn kurz vor seinem Tod in seinem Werk blättern, einem Riesenopus mit unzähligen Zeichnungen und farbigen Apfelbildern, mit genauen Beschreibungen all der verschiedenen Spielarten und exakten wissenschaftlichen Analysen ihrer Eigenschaften und Inhaltsstoffe. Viele Hunderte Bäume hat er kartiert und untersucht, keiner ist wie der andere, alle sind sie genetisch unterschiedlich, da sie sich immer wieder neu miteinander kreutzten. Möglicherweise sind sie bereits Millionen Jahre alt.

Sehr unterschiedlich sind diese Äpfel. Neben kleineren Baumformen gibt es über 300 Jahre alte Riesen von 30 Meter Höhe und zwei Meter Stammdurchmesser. Grüne, gelbe, rote Früchte, geschmacklich von sauer-herb bis bemerkenswert süß, größenmäßig von relativ klein bis außergewöhnlich groß.

Vergleicht man diese Früchte mit den Wildäpfeln anderer Herkünfte, so fallen vor allem diese Fruchtgrößen und die stärkere Ausbildung von Süße auf, als hätte hier jemand Tausende von Jahren hindurch gezielte Selektion betrieben. Es wurde tatsächlich selektiert, schon seit Zehntausenden von Jahren, bevor Menschen überhaupt diese Region betraten. Zahlreiche Gruppen von Braunbären bevölkern seit undenklichen Zeiten diese Apfelwälder. Noch heute kann man neuere Kratzspuren von Bärentatzen an den dicken Stämmen sehen, die beim Erklettern der Bäume entstanden sind. Bären klettern gern ein Stück die Baumkrone hoch und schütteln dann die Äpfel von den Ästen. Die Tiere lieben es süß, und Bären sind (angeblich) faul. Also suchten sie sich gezielt immer wieder die Bäume mit den dicksten und süßesten Früchten zum Abernten. Die fruchtbaren Kerne schieden sie zum Teil an entfernten Orten mit dem Kot wieder aus; durch den düngenden Kot hatten die

Wilder Apfelbaum in Kasachstan

entstehenden kleinen Apfelsämlinge gleich die besten Startbedingungen.

Durch diese gezielte jahrtausendelange Selektion hat sich das Fruchtspektrum der Apfel-Urwälder immer mehr in die von den Bären beeinflusste Richtung verändert, sodass wir heute auf eine ganze Reihe von Wildäpfeln treffen, die man in Bezug auf Größe, Aussehen und Geschmack durchaus ebenbürtig neben moderne Supermarktäpfel legen könnte.

Sehr auffällig ist außerdem, wie gesund diese Äpfel sind – kaum einer wird je von unschönen Schorfflecken verunziert. Über die langen Zeiträume hin scheinen Resistenzen gegen den Schorfpilz und andere Apfelkrankheiten genetisch fest in ihnen verankert zu sein.

Warum also pflanzen wir uns denn nicht solche robusten Sorten in unsere Gärten und Plantagen, statt all unserer modernen Kultursorten, die ohne 20 Pestizidanwendungen pro Saison keine manierlichen Tafelfrüchte zuwege bringen?

Wahrscheinlich geht es so einfach nicht. Diese asiatischen Wildäpfel sind seit undenklichen Zeiten an ein extremes Kontinentalklima angepasst, mit Temperaturen von bis zu 40 Grad plus im Sommer und 40 Grad minus im Winter. Vermutlich würden sie in unserem relativ kühlen, feuchten Klima aus dem Tritt kommen, so wie es den russischen Apfelsorten im Deutschland der 1940er-Jahre geschah. Besser ist wahrscheinlich der Weg, den Wissenschaftler in Frankreich, den USA und mittler-weile weiteren Ländern eingeschlagen haben. Man möchte die Eigenschaften interessanter Wildäpfel testen und ggf. vielversprechende Eigenschaften und Resistenzen in moderne Tafeläpfel einkreuzen. Gelangt man auf diese Weise zu überzeugenden resistenten Neusorten, könnten in naher Zukunft große Teile der Unmengen von Pestiziden eingespart werden, die der moderne Erwerbs-Obstbau zum Schaden von Natur und Umwelt alljährlich ausbringt. Hier könnte man den Wert der genetischen Vielfalt dann einmal in Euro, Dollar und Rubel beziffern.

Seit 1989 der Eiserne Vorhang gefallen ist, bestand zum ersten Mal die Möglichkeit der Kontaktaufnahme zwischen Djangaliev als dem großen Hüter der genetischen Schätze Kasachstans und westlichen Forschern. Aber bis heute ist das Grenzgebiet zu China militärisches Sperrgebiet und nur mit selten vergebenen Sondergenehmigungen zu betreten.

In Kasachstan sind in den letzten Jahrzehnten Millionen von Wildapfelbäumen konventionellen Obstplantagen, großen Golfplätzen, Skipisten und den Maschinen von Erdöl- und Uransuchern zum Opfer gefallen.

Djangaliev hat noch kurz vor seinem Tode eine Baumschule mit 60.000 Jungbäumen anlegen lassen, um damit verwüstete, gerodete Bergflächen neu zu bepflanzen. Ob sein Werk nach seinem Tode gesichert fortgeführt werden kann, ist unklar.

Auch von innen heraus werden die Apfel-Urwälder langfristig in ihrem Bestand bedroht: In den 1950er-Jahren hat man zum Zwecke effektiverer forstwirtschaftlicher Nutzung begonnen, verschiedene Eichen-, Ahorn- und Pappelarten in das Gebiet einzubringen, die sich größtenteils bestens entwickeln. Experten schätzen, dass diese starken Konkurrenten die seit Millionen Jahren ansässigen Wildäpfel in 100 bis 300 Jahren verdrängt haben könnten.

Was die Herkunft unserer modernen Äpfel anbetrifft, so sehen wir dank der Fortschritte der genetischen Forschung mittlerweile klar. Professor Barrie Juniper und seine Kollegen von der Universität Oxford haben durch ihre Forschungen 2002 bis 2006 einwandfrei nachgewiesen, dass unsere modernen Tafeläpfel genetisch nahezu identisch mit den asiatischen Wildäpfeln (Malus sieversii) sind, also keine Kreuzungen von Wildäpfeln unterschiedlicher Herkünfte.

Wie nun kamen diese Äpfel vom Tian-Shan-Gebirge zu uns? Die ersten Verbreiter waren Tiere wie Bären und Wildschweine, die ganze Früchte verzehrten, große Strecken zurücklegten und die Samen mit dem Kot an entfernten Orten wieder ausschieden. Vögel spielten hier keine Rolle, da sie es zumeist nur auf das Fruchtfleisch abgesehen haben.

Schon vor 30.000 Jahren tauchten in der Gegend die ersten Nomadenstämme auf, die Äpfel als Reiseproviant zu schätzen wussten und somit auch Apfelkerne in weiter entfernte Regionen verbreiteten. Später führte die so genannte Seidenstraße als über viele Jahrhunderte beliebter Handelsweg von China nach Europa durch dieses Gebiet. Mit Nomaden und Händlern kamen sicher auch die ersten Äpfel dieser Art an die Küsten des Schwarzen Meeres, wo seefahrende Griechen ab dem 8. Jahrhundert vor Christus Kolonien unterhielten. Von dort war es nur noch ein kleiner Schritt bis ins Europa der Antike.

Was wie ein Ausflug in die ferne Vorgeschichte unseres Apfels aussehen mag, entpuppt sich bei näherem Hinsehen als wichtiger Baustein für die Entwicklung unseres Apfelsortiments der Zukunft. Das haben auch Wissenschaftler des Julius Kühn-Instituts (JKI – Bundesforschungsinstitut für Kulturpflanzen) in Dresden-Pillnitz erkannt. Gemeinsam mit russischen Kollegen haben sie 2011 und 2012 zwei Expeditionen in den Kaukasus unternommen und u.a. Samenproben von 250 interessant erscheinenden Mutterbäumen mitgebracht. Diese Proben wurden zur Aussaat gebracht und genetischen Untersuchungen unterzogen, um herauszufinden, welche Resistenzen gegen Schorf, Feuerbrand etc. in ihnen schlummern und wie stark diese in der betreffenden Sorte verankert sind. Dank verbesserter Methoden sind solche Untersuchungen heute schon bei kleinen Sämlingen von ein paar Zentimeter Höhe möglich. Einige interessante neue Funde wurden schon in den Handel gegeben und über die Baumschulen Cordes / Holm und Müller/Oschatz vermehrt und unter dem Markennamen »**Pillnitzer Obstwiese**« als »gesunde Bäume für den Hausgarten« in Gartencentern unter den Namen **Recolor** und **Rekarda** angeboten. Nach einigen Anlaufschwierigkeiten soll das Programm nun fortgesetzt werden und noch weitere Sorten auf den Markt bringen (**Rea Top**, **Rea Juice**).

Tafeläpfel, Wirtschaftsäpfel und Lokalmatadore

Die Welt der alten Apfelsorten

Der Begriff »alte« Apfelsorte ist nicht ganz klar oder gar eindeutig definiert. Manche nennen eine Apfelsorte erst alt, wenn sie schon vor 1900 bekannt war. Andere meinen, eine Sorte müsse mindestens seit 100 Jahren bekannt sein, und wieder andere sagen, 50 Jahre reichten auch aus. Oder sie setzen das Ende des Zweiten Weltkriegs als Zeitpunkt an. Ich persönlich neige zu dieser letzteren Angabe. Der Zweite Weltkrieg war zweifelsohne ein ganz wichtiger Einschnitt nicht nur in das Leben der Menschen, sondern auch in die Entwicklung der Agrargeschichte und der Sortenentwicklung.

Nicht, dass von diesem Zeitpunkt an alles anders geworden wäre, aber im Zweiten Weltkrieg war vieles zum Stillstand gekommen und vieles zerstört worden, man musste einen Neuanfang wagen und überlegte sich in vielen Bereichen, wohin denn nun die Reise gehen sollte. Das zerstörte Deutschland wollte und konnte seinen Wiederaufbau nicht im Alleingang schaffen und orientierte sich wieder mehr an dem Geschehen in seinen Nachbarländern. Im Westen ging es bald Richtung Integration in die neu geschaffene Europäische Wirtschaftsgemeinschaft (EWG), im Osten wuchs die Einbindung in die osteuropäische Staatengemeinschaft unter Führung der Sowjetunion.

In Westeuropa wurde bald der Niederstammobstbau zum Leitbild erhoben, und man einigte sich auf ein EWG-weites Sortiment, dem die Zukunft des Obstbaus gehören sollte. Um diesen Prozess zu befördern und zu beschleunigen, wurden von Brüssel aus Rodungsprämien für Hochstammanlagen mit alten Sorten ausgelobt, was das Zurückdrängen der alten Sortenvielfalt sehr beschleunigte.

Hochstamm oder Niederstamm?

Der Hochstamm ist die klassische und ökologisch wertvollste Form des Obstbaums, er gehört aber eigentlich mit seinem Platzbedarf von bis zu 100 qm auf die Streuobstwiese. Alte Sorten müssen nicht zwangsläufig auf Hochstämmen wachsen, sie wachsen auch auf schwachwüchsigen oder mittelstarken Unterlagen. Man kann also auch in kleineren Gärten alte Sorten kultivieren.

Hat man nur begrenzten Platz zur Verfügung, empfehlen sich Halbstammbäume, die auf mittelstarke oder mittelschwache Unterlagen veredelt sind (z.B. M 7, MM 106). Die im Erwerbsobstbau übliche Unterlage M 9 sollte man möglichst im Hausgarten nicht verwenden. Sie verlangt allerbeste Böden und allerbeste Pflege, erträgt keinen Bewuchs auf der Baumscheibe und ist bei Wühlmäusen sehr beliebt. Sie bremst das Holzwachstum der Bäume stark aus und schickt die ganze Power des Bäumchens in die Fruchtproduktion. Dadurch setzt die Fruchtbarkeit früh ein, und die Früchte werden in vielen Fällen deutlich größer, als man sie bei derselben Sorte auf starkwüchsigen Bäumen gewohnt ist. Prima, könnte man meinen – nur sind diese Früchte oft nicht im Entferntesten so aromatisch wie die derselben Sorte vom Hochstamm, und sie lassen sich mit ihrer lockereren Fleischstruktur nicht mehr lange lagern.

Etwa 4.000 Apfelsorten wurden in Deutschland im 19. Jahrhundert wissenschaftlich genau erfasst und beschrieben, viele davon in dem vom 1860 gegründeten Deutschen Pomologen-Verein herausgegebenen »Illustrirten Handbuch der Obstkunde« und den »Pomologischen Monatsheften«. Wenn man nun allerdings meint, dann seien ja wohl alle damals in Deutschland vorhandenen Apfelsorten verzeichnet worden, so ist dies eindeutig falsch. Auch der Deutsche Pomologen-Verein mit seinen Tausenden Mitgliedern konnte nicht alle Regional- und Lokalsorten Deutschlands erfassen. Ganze Landstriche, wie das obstbaulich engagierte Alte Land bei Hamburg, fanden nie einen Zugang zum Verein, der wohl auch seinerseits mit all seinen Pastoren, Ärzten, Offizieren und Rittergutsbesitzern wie eine leicht versnobte Honoratiorenvereinigung dahergekommen sein mag, mit dem einfache Landleute nicht so leicht Kontakt aufnehmen konnten oder wollten. So kann man wohl davon ausgehen, dass es zusätzlich zu den 4.000 offiziell registrierten Apfelsorten vielleicht noch einmal die gleiche Menge von Regional- und Lokalsorten gegeben haben mag, die nur eine geringe Verbreitung gefunden haben, nie von interessierten Pomologen entdeckt wurden und es daher auch nicht in eine Fachpublikation geschafft haben.

Obwohl sich der Pomologen-Verein gegen Ende des 19. Jahrhunderts wiederholt bemühte, durch Erstellung von Listen mit anbauwürdigen Sorten den Obstertrag in Deutschland zu steigern, konnte die Apfelproduktion nicht mit der Nachfrage der ständig wachsenden Bevölkerung vor allem in den Städten mithalten. Obstbau war immer noch Nebenerwerb einer bäuerlich strukturierten Landwirtschaft; ein eigentlicher Erwerbs-Obstbau steckte noch in den Anfängen. Angesichts der ständig steigenden Apfelimporte vor allem aus den USA wurden die zuständigen staatlichen Stellen unruhig und beschlossen, über ihre Landwirtschaftskammern den jungen Erwerbs-Obstbau stärker zu beraten und zu fördern. Das führte dazu, dass der Pomologen-Verein stark an Zuspruch verlor und sich schließlich 1919 auflöste.

Schon der Pomologen-Verein hatte wiederholt versucht, aus der übergroßen Fülle der Sorten die wertvollsten und wirtschaftlich interessantesten herauszufiltern und für den künftigen Anbau zu empfehlen. Diese Empfehlungslisten waren immer noch reichlich lang, und trotzdem wurden sie vielfach kritisiert von Leuten, die in ihrer jeweiligen Region keine optimalen Erfahrungen mit den empfohlenen Sorten gemacht hatten. Deutschland war nun mal sehr groß, und die Klima- und Bodenverhältnisse variierten erheblich. So gingen die staatlichen Beratungsstellen dazu über, Sortimente für die einzelnen Provinzen zusammenzustellen und diese oft auch noch in Haupt- und Nebensorten zu untergliedern. 1922 wurden sogar drei »Reichsapfelsorten« proklamiert, **Jakob Lebel**, **Ontario** und **Rheinischer Bohnapfel**, die wegen ihrer Qualität und ihrer Fruchtbarkeit überall im Reich angebaut werden sollten.

Während sich der verstärkt aufkommende Erwerbs-Obstbau ansatzweise an solchen Empfehlungen orientierte, fand der Großteil des Apfelanbaus im bäuerlichen Nebenerwerb statt, der vielfach weiterhin das kultivierte, was er immer angebaut hatte. Der Apfelanbau fand zumeist auch weiterhin noch auf klassischen Hochstammbäumen statt, die eine Lebensdauer von bis zu 80 Jahren haben und nun mal die Sorten trugen, die zur Zeit ihrer Pflanzung sinnvoll erschienen. Nur in Ausnahmefällen – wenn es ökonomisch zwingend erschien – warf man bei vitalen Hochstammbäumen die Kronen ab und veredelte eine attraktivere Sorte drauf.

Obwohl es den staatlichen Stellen und vor allem dem Handel gar nicht gefiel, blieb die Sortenvielfalt noch lange in einer großen Breite erhalten. So registrierten z.B. die Landwirtschaftskammern Kiel, Oldenburg und Hannover 1941 immer noch für ihren Bereich im nordwestlichen

Deutschland 226 im Handel befindliche Apfelsorten. Erst nach dem Zweiten Weltkrieg begann das große Aufräumen, die Sortenvielfalt wurde zum »Sortenwirrwarr« ernannt und in die »Sortenbereinigung« überführt.

Nun ist es ja glücklicherweise so, dass Apfelsorten nicht einfach vom Erdboden verschwinden, wenn sie von offizieller Seite für abgeschafft erklärt worden sind. Alte Kartoffel- oder Gemüsesorten haben es da wesentlich schwerer: Erlischt ihre Anbaulizenz oder stirbt der letzte Saatgutvermehrer, kann man diese Sorten oft schon nach kurzer Zeit bestenfalls noch in den Beständen von Genbanken wiederfinden. Äpfel hingegen tauchen oft noch nach vielen Jahrzehnten scheinbar aus der Versenkung wieder auf, weil Apfelbäume eine unvergleichlich längere Lebenszeit haben und somit die Chance besteht, dass sie doch noch irgendwo überlebt haben. Irgendwo trifft man bei der Sortensuche doch immer mal wieder jemanden, der genauso aus der Zeit gefallen ist wie sein Apfelsortiment, alte Junggesellen, die allein auf ihren Resthöfen vor sich hinpusseln und die vom Großvater ererbten Obstbäume abernten wie eh und je, oder sie doch wenigstens erhalten. Ein Zwang zur Innovation ist nicht da, kein Betriebsnachfolger drängt auf Erneuerung des Sortiments, kein hitziger Jungbauer will Boxenlaufställe in den alten Obsthof bauen.

An solchen Orten habe ich viele meiner alten Apfelsorten wiedergefunden. Meistens kannten die Besitzer ihre Sorten gut, konnten Auskunft geben über Namen, Eigenschaften und Verwendungsmöglichkeiten. Ohne diese Gewährsleute hätte ich viele Sorten nicht wiedergefunden. In meinem Buch »Von Äpfeln und Menschen« habe ich einigen von ihnen ein Denkmal gesetzt.

Knebusch-Apfel

Was genau ist denn nun aber gemeint, wenn wir von »alten Sorten« reden? Die Antwort dürfte in verschieden Regionen durchaus unterschiedlich ausfallen. Schon kleinräumig betrachtet kann man feststellen, dass in Gegenden mit einer Apfeltradition sich auf recht kleinem Raum stark variierende Vorlieben und Anhänglichkeiten herausgebildet haben. So denken die Alteingesessenen in meiner Heimat, der Börde Sittensen mitten im Elbe-Weser-Dreieck, beim Stichwort »alte Apfelsorte« nahezu automatisch an den aus Sittensen stammenden **Knebusch-Apfel**. 80 Kilometer

Prinz Albrecht von Preußen

weiter im Land Hadeln an der Elbmündung kannte bis vor 30 Jahren niemand diese Sorte; alter Apfel war für die Hadelner quasi identisch mit dem dort so beliebten **Hadelner Rotfranch**, der seinerseits in Sittensen früher unbekannt war. Auf das Thema Lokalmatadore werden wir an anderer Stelle noch ausführlicher eingehen.

Unstrittig ist aber auch, dass es einige alte Sorten gibt, die überregional in ganz Deutschland bekannt und beliebt sind. Als ich 1999 bei den Vorarbeiten zu »Brandts Apfellust« die Mitglieder des Pomologen-Vereins nach ihren Lieblingsapfelsorten befragte, erhielt ich folgende »Hitliste«: **(Goldrenette Freiherr von) Berlepsch**, **(Schöner aus) Boskoop**, **Gravensteiner**, **Cox-Orangen-Renette**, **Goldparmäne**. Interessant ist nebenbei, dass – wie bei vielen unserer Kulturpflanzen – auch hier nur ein Bruchteil der genannten Sorten aus dem Inland stammt: Der **Berlepsch** wurde um 1880 am Niederrhein gezüchtet. **Boskoop** stammt aus Süd-Holland, **Gravensteiner** kommt aus dem südlichen Dänemark bzw. ursprünglich wohl aus den französischen Savoyen, **Cox Orange** und **Goldparmäne** stammen aus England.

Da es keine Erhebungen zur Verbreitung alter Apfelsorten in Deutschland gibt und auch der Pomologen-Verein bestenfalls die Bestände seiner gut 1.000 Mitglieder überblicken kann, habe ich versucht, diese Fragestellung von einer anderen Seite her anzugehen. Ich habe mir über 60 Baumschulen herausgesucht, die größere Sortimente alter Apfelsorten im Programm führen und diese auch selber vermehren und anziehen, um mir ihr Sortenangebot anzuschauen. Damit erhalte ich zwar keine Verkaufszahlen einzelner Sorten – diese würden die Firmen wohl auch nicht herausgeben –, aber ich kann sehen, welche Sorten in welcher Region angeboten werden. Im Programm können sie sich ja nur halten, wenn sie auch nachgefragt werden. Ich habe Baumschullisten quer durch Deutschland ausgewertet, also von Nordfriesland bis Oberbayern und vom Rheinland bis Vorpommern. Dabei kam ich auf Nennung von gut 650 verschiedenen Apfelsorten, wobei es die eine oder andere geben mag, die ich doppelt aufgeführt habe, weil ich Synonyme nicht als solche erkannt habe. Interessant ist auch, dass etwa die Hälfte der Namen nur als einmalige Nennung in einer einzigen Baumschule auftaucht. Das zeigt,

Purpurroter Cousinot

Schöner von Nordhausen

dass die auf diesem Feld engagierten Baumschulen durchaus flexibel in kleinem Rahmen auftauchende Lokalsorten mit ins Programm nehmen, wenn diese ein Mindestmaß an Attraktivität besitzen.

Überraschend fand ich, dass nur ganze vier Sorten es schaffen, in den Angebotslisten aller befragten Baumschulen aufzutauchen: **Jakob Lebel**, **Roter Boskoop**, **Schöner aus Boskoop** (der **Grüne**) und **Weißer Winterglockenapfel**.

Ein oder zwei Nennungen weniger erhielten: **Alkmene**, **Celler** oder **Krügers Dickstiel**, **Danziger Kantapfel**, **Dülmener Rosenapfel**, **Goldparmäne**, **Gravensteiner**, **Holsteiner Cox**, **James Grieve**, **Kaiser Wilhelm**, **Ontario**, **Prinz Albrecht von Preußen**, **Purpurroter Cousinot**, **Schöner aus Herrnhut**, **Schöner von Nordhausen**, **Weißer Klarapfel**.

Schaut man sich das Sortenangebot genauer an, bemerkt man, dass sich die Vielzahl der Sorten in vier Regionalsortimente einordnen lässt, die den großen Klima-Regionen in Deutschland entsprechen: Küstenregion, Ostregion, Zentralregion und Westregion. Was dort an alten Apfelsorten nun genau angebaut wurde, wird im Anhang dieses Buches detaillierter aufgezählt.

In einem alten Pfarrgarten in Mecklenburg

Von der Vielfalt zum Standardapfel

Mit der Sortenbereinigung zum heutigen Sortiment

So viel Freude das Suchen und vor allem Entdecken alter Apfelsorten auch macht – sie sind ziemlich selten geworden. Schaut man heute in die Obstauslagen der Supermärkte, so zeigt sich ein relativ einheitliches Bild: Äpfel sind immer nahezu gleich groß, mehr oder minder rund, glatt und blank und meistens rot, bis auf einige wenige grüne, die als Ausnahme die Regel bestätigen. Rot ist eindeutig die dominierende Modefarbe bei Äpfeln, Rot suggeriert Reife und Süße – dabei gibt es auch rote Äpfel, die sehr sauer sind. Gelbe Äpfel tauchen fast gar nicht mehr auf, Gelb steht offensichtlich für mehlig und pappig – obwohl es in Wirklichkeit natürlich auch feste, saftige gelbe Sorten gibt.

Die Ware Apfel ist heutzutage weitgehend standardisiert. Der weltweit agierende Apfelhandel will große, einheitliche Chargen gleichartiger Früchte immer gleicher »Qualität« auf den Markt bringen, damit der Kunde weiß, was er zu erwarten hat. Vielfalt ist nicht gefragt; Vielfalt ist schwer handzuhaben und macht viel Arbeit, also hat man sie weitestgehend vom Markt verdrängt, indem man den Erzeugern diktiert hat, was man ihnen abzunehmen bereit ist. Der einzelne Obstbauer kann, sobald er größere Mengen Früchte erzeugt und auf den Handel angewiesen ist, sich dagegen nicht wehren, es sei denn, es gelingt ihm, seine Ware auf Marktständen oder in Hofläden direkt an den Endverbraucher zu bringen. Hier findet man dann gelegentlich tatsächlich noch einmal die eine oder andere alte oder wenig bekannte neue Sorte; meistens bieten die Erzeuger jedoch selbst auf diesen Vermarktungsschienen nur das gleiche Sortenangebot an, das man schon vom Supermarkt kennt. Das ist schade und bedauerlich – denn hier wäre durchaus möglich, sich mit mehr Vielfalt zu profilieren und interessierte Kunden an sich zu binden.

Farbe, Größe, Geschmack

Leider kann man keine wirklichen Zusammenhänge zwischen diesen drei Größen herstellen. Die Natur in ihrer schier unerschöpflichen Vielfalt kann diese Eigenschaften immer wieder anders kombinieren. Der Apfelesser assoziiert zwar in der Regel Rot mit süß und Grün mit sauer, es gibt aber auch rote saure und grüne süße Früchte.

Auch die Größe der Früchte muss nicht wirklich etwas über ihre Qualität aussagen. Bei einer an sich großfrüchtigen Sorte sind kleine Früchte oft nur zurückgebliebene, unterentwickelte Schattenfrüchte. Bei einer an sich kleinfrüchtigen Sorte wie Cox Orange oder Rotfranch sind auch die kleinen Früchte voll entwickelt und aromatisch. Bei ihnen stehen große Früchte von falschen Unterlagen eher im Verdacht, fade und wässrig zu sein.

Königlicher Kurzstiel

Das weitgehend aus dem 18. und 19. Jahrhundert stammende alte Apfelsortiment war geprägt von einer schier unerschöpflich erscheinenden Vielfalt an Formen und Farben, aber auch an Aromen und Düften. Äpfel waren beileibe nicht alle nur rund, sondern auch kantig und gerippt, oval, kegelförmig, zylindrisch, ja manchmal gar birnenförmig zur Blüte hin breiter werdend, wie der **(Pommersche) Langsüße** gelegentlich daherkommt, aber auch breitrund oder flachrund wie der **Königliche Kurzstiel** oder der ostfriesische **Keeske**, der die Form eines kleinen Handkäses hat.

Die Oberfläche ist keineswegs immer nur glatt. Manche Äpfel, vor allem die aus Küstenbereichen mit hoher Luftfeuchtigkeit, sind rauschalig. In heißerem Weinbauklima würden sie damit zu viel Feuchtigkeit verlieren; die dortigen Sorten besitzen deshalb auch eine feste, glatte Schale. Einige Sorten neigen auch zur Berostung. Die Kunden denken oft, das sei Schorf, aber Schorf ist etwas anderes, ein Schadpilz.

Langsüßer

Der Rost hingegen überzieht bei manchen Sorten wie zum Beispiel der **Osnabrücker Renette** große Teile der Oberfläche mit feinen braunen Pünktchen, sodass die eigentliche Farbe der Apfeloberfläche kaum noch zu sehen ist. Rost gilt im modernen Erwerbs-Obstbau als unerwünscht und wird weggespritzt. Dabei scheint die Berostung die Intensität des Apfelaromas durchaus zu steigern. Ein kleiner, berosteter **Cox Orange** von einem Hochstammbaum zum Beispiel schmeckt unvergleichlich viel intensiver als ein »glattgespritzter« von einem kleinen Plantagenbaum, sodass manche Kunden mir schon erzählen wollten, es handele sich um verschiedene Sorten, was aber nicht der Fall ist.

Unbeliebt ist bei heutigen Apfelessern, dass manche Äpfel sich in der Reife fettig anfühlen. Der **Jakob Lebel** z.B. schützt sich in seiner Reife mit einer selbstproduzierten Fettschicht vor Verdunstung und Verschrumpelung; gegen Ende seiner Genussreife verschwindet diese von selbst wieder. Kunden finden diese Fettigkeit oft unangenehm oder vermuten gar, der Erzeuger hätte die Früchte mit einer künstlichen Wachsschicht überzogen.

Auch bei der Farbgebung ist die Vielfalt natürlich viel größer als im heutigen Supermarktangebot erahnbar. Rot kann Ziegelrot, Weinrot, Vviolettrot bis ins fast Schwärzliche sein – in der alten Literatur findet sich tatsächlich auch ein **Schwarzschillernder Kohlapfel**. Rot kann als Deckfarbe flächig, gestreift, gestrichelt oder punktiert über die Grundfarbe verteilt sein. Die Grundfarbe ist zunächst meist grünlich und färbt bei zunehmender Reife ins Gelbliche um. Manche Äpfel bleiben aber auch in ihrer Reife grün, manche hellgrün, andere dunkel-, fast bläulich grün. Gelb kann variieren von einem blässlich-transparentem Weiß-Gelb bis hin zu einem kräftigen Zitronen- oder Goldgelb.

Von dieser Vielfalt der Früchte zum modernen Standardapfel ist es ein weiter Weg. Da der Apfelkonsument von sich aus keine Notwendigkeit sah, diesen Weg zu beschreiten, musste ihm kräftig auf die Sprünge geholfen werden. Der Handel stellte die neuen Standards auf, und die staatlichen Beratungsstellen brachten die Obstbauern auf den rechten Weg. Im Rahmen der in den 60er- und 70er-Jahren des 20. Jahrhunderts propagierten Sortenbereinigung wurde der Großteil der alten Sorten für anbauunwürdig erklärt. Da es nach Meinung des Handels viel zu viele Apfelsorten gab, wurde kräftig aussortiert; es durften ja nicht einmal ein Dutzend von vielen Hunderten übrigbleiben.

Glockenapfel

Ein spätes Schlaglicht auf diesem Prozess werfen die Kommentare, die der frühere langjährige Leiter der Altländer Obstbauversuchsanstalt Prof. Dr. Ernst Ludwig Loewel 1994 zu Papier brachte. In jenem Jahr hatte der Stader Obstbaulehrer Jacob-Hinrich Feindt im Museum Altes Land in Jork eine Ausstellung mit dem Titel »Historische Apfel- und Birnensorten im Alten Land« organisiert. Gezeigt wurden u.a. sehr schöne Gipsmodelle alter Obstsorten, die zu Beginn des 20. Jahrhunderts in der Jorker Obstbauschule in der Sortenkunde benutzt wurden, und auf Tafeln vergrößerte Seiten aus Loewels 1941 erschienenem Buch »Deutsche Äpfel. Ein Bildwerk. Die Handelssorten. Band 1: Niederelbe«. In diesem Buch sind 50 seinerzeit marktgängige Apfelsorten der Niederelberegion in schönen farbigen Abbildungen porträtiert und stichwortartig beschrieben.

Unter Punkt 11 »Anbaubewegung« wird die Zukunftsperspektive der jeweiligen Sorte beurteilt. Diesen letzten Punkt durfte der mittlerweile etwa 90-jährige Loewel 1994 nochmals ergänzen um eine Rubrik »Beurteilung aus heutiger Sicht«. Hier konnte er, der den Prozess der Sortenbereinigung maßgeblich mitgestaltet hatte, nochmals erläutern, weswegen fast alle der 50 Sorten von 1941 im modernen Sortiment von 1994 nichts mehr zu suchen hatten.

Klar und nachvollziehbar ist, dass zahlreiche zuvor gängige Massenträger mit ihren harten, grünen, sauren, aromalosen Früchten aus dem Sortiment geworfen werden mussten. Im Alten Land hatte man in einer

Zeit, in der Deutschlands Unabhängigkeit von Obstimporten ein hohes Ziel war und auch unattraktive Massenwaren gute Preise erbrachten, an ihnen festgehalten nach dem Motto »Masse statt Klasse«. Nach dem Krieg und der Neuordnung der Wirtschaft im europäischen Rahmen kam man mit dieser Devise nicht mehr weiter, und so flogen **Olters Grüner**, **Eckhoffs Grüner**, **Klunsterapfel**, **Ladekoper Glockenapfel** u. ä. als Erste aus dem Sortiment.

Doch auch nach dem Rauswurf dieser Spezies blieben einfach noch viel zu viele Sorten übrig. Klar war, dass sie weg sollten – unklar war, wie man dies denn nun in der Öffentlichkeit begründen könnte. Loewel liefert 1994 Begründungen nach, die zum Teil nur schwer nachzuvollziehen sind. **Altländer Pfannkuchen**: »In der Form nicht mehr entsprechend und zu streifig in der Rotfärbung«; **Doppelter Prinzenapfel**: »groß und unregelmäßig in der Form. Für einheitliche Sortierung ungeeignet«; **Baumanns Renette**: »zu platt«: **Fettapfel**: »in der Schale fettig, wird er heute sofort abgelehnt«; **Finkenwerder Herbstprinz**: »schrumpft im Kühllager, trocknet bei Lagerung mit anderen Sorten am stärksten aus« (dagegen kippen meine Kollegen ab und an einen Eimer Wasser auf den Betonboden unter den Herbstprinzen-Paletten ...); **James Grieve**: »druckempfindlich, daher vom Handel nicht mehr akzeptiert«; **Rehders Boiken**: »in der Form zu kantig«; **Ruhm von Kirchwerder**: »unregelmäßig in der Form, zum Teil gestreift und dadurch (!) uninteressant für den Er-

Wohlschmecker aus Vierlanden

werbsobstbau«, **Wohlschmecker aus Vierlanden**: »Mittelgroßer, leider gestreifter, aber freundlich aussehender und wohlschmeckender Apfel ... verschwand aber bald wegen seiner geringen Größe«.

Bei einem Besuch fragte ich Loewel, weswegen er denn Äpfeln ihre Rotstreifigkeit vorhalte. »Streifige Äpfel werden vom Verbraucher immer abgelehnt«, sagte er. Man habe Sorten immer wieder z.B. von Landfrauen testen lassen, und die Ablehnung von streifigen Äpfeln sei durchgängig gewesen.

Goldparmäne

So ganz ohne Widerstand wollten aber nicht alle die propagierte Vereinheitlichung des Apfelsortiments hinnehmen, die de facto auf eine Abschaffung der Vielfalt hinauslief. So wird aus westlichen und südwestlichen Regionen von jahrelangem Kampf um die Erhaltung des **Berlepsch** oder der **Goldparmäne** im Erwerbsobstbau berichtet. An der Niederelbe wollte man nicht sang- und klanglos auf die Erfolgssorte Nummer 1 der Region, den **Finkenwerder Herbstprinz**, verzichten. Viele der damals hier noch gängigen Hoch- und Halbstammbäume, die »falsche« Sorten trugen, wurden sogar noch mit **Finkenwerder Herbstprinz** umveredelt. Man gab sich der Illusion hin, eine regionale Extra- wurst werde sich ein großes Anbaugebiet doch wohl noch leisten können. 10, 15 Jahre später war es mit derartigen Träumereien auch vorbei, die **Finkenwerder Herbstprinzen** wurden (mit Unterstützung von Prämien aus Brüssel) gerodet; die Sorten wurde als Tafelapfel nicht mehr gelistet.

Ersetzt wurden die alten Sorten durch ein neues, europaweit vereinheitlichtes Sortiment, das hauptsächlich auf dem unendlich fruchtbaren und unendlich pflegebedürftigen **Golden Delicious** und später seinen Abkömmlingen **Jonagold**, **Jonagored**, **Red Prince**, **Elstar**, **Rubinette** etc. basierte – Sorten, die ohne geballten Einsatz von »Pflanzenschutzmitteln« gar nicht existieren können und für naturverbundene Hausgärtner völlig unbrauchbar sind.

Meine persönlichen Lieblingsäpfel

Ein Bekenntnis zu Vielfalt, Regionalität – und zum Geschmack

Weil ich so viel und so gern – nicht nur in diesem Buch – von unterschiedlichen, fast vergessenen und häufig in letztem Moment geretteten alten Apfelsorten erzähle, werde ich natürlich oft gefragt, was denn mein persönlicher Lieblingsapfel sei. Meist sage ich dann: **Finkenwerder Herbstprinz**. Das ist schon seit 30 Jahren meine Standardantwort, das erwarten die Leute von mir.

Doch wenn ich ganz ehrlich bin, muss ich zugeben, dass dies nicht die ganze Wahrheit ist. Ich habe nicht mein ganzes Leben lang alle Apfelsai-

Finkenwerder Herbstprinz

Gelber Gravensteiner

Roter Gravensteiner

sons hindurch immer nur diese eine Sorte geliebt, es gab und gibt da auch andere. Es ist dabei mit den Äpfeln ein bisschen so wie mit den Lebensabschnittspartnern: Wenn die Zeit die richtige ist und wenn sie in ihrem Optimum sind, dann sind sie unschlagbar und durch nichts zu ersetzen. Wenn die Zeit noch nicht reif ist oder wenn ihre Zeit vorbei ist, gibt es sehr wohl andere, die ihnen den Rang ablaufen.

Gravensteiner

Der erste Sortenhöhepunkt in meiner Apfelsaison ist zweifelsfrei der Gravensteiner, der über 300 Jahre alte, original gelbe Gravensteiner mit seinen roten Streifen, nicht die moderne Mutante, die man heutzutage meistens auf dem Markt findet, der **Rote Gravensteiner** mit seinem hektischen Fieberfleckenrot. Letzterer wird heute noch gelegentlich in modernen Obstplantagen auf schwachwüchsigen Spindelbäumchen angebaut und zumeist viel zu früh gepflückt ins Kühllager gepackt. Für den Obsterzeuger macht das Sinn, so kann er diesen bei Reife sehr druckempfindlichen Apfel einige Wochen länger im Handel halten. Für den Verbraucher ist dies fatal. Ein so erzeugter Gravensteiner ist nur ein flaues Imitat des echten gelben Gravensteiners, der auf einem Hochstammbaum seine volle Reife erlangen durfte (und dann aber auch vor lauter Druckempfindlichkeit nicht mehr transportfähig ist.)

Was für ein göttlicher Apfel! Das meinte auch bereits Alma de L'Aigle (1889–1959), die Hamburger Lehrerin und Gartenfreundin, die in ihrem Buch »Ein Garten« ihre Kindheit in dem großen Obst- und Rosengarten ihres Vaters in Stellingen beschreibt, das vor dem Ersten Weltkrieg noch weit vor den Toren Hamburgs lag. Der Gravensteiner hatte es ihr als Kind schon besonders angetan: »War das eine Lust, wenn der Gravensteiner geerntet wurde! Nicht geschüttelt, denn er hielt sich eine geraume Zeit. Allerdings, wer ihn in seiner größten Frische genießen wollte, der mußte in die Äpfel beißen, die beim Pflücken herunter fielen und die sich, kroß wie sie waren, unterwegs an den Ästen zerschlugen wie sprödes Porzellan. Von ihnen lief der Saft förmlich ins Gras. Schnell mußte man die Zähne in die Bruchfläche schlagen und den Saft hochziehen, den duftenden, mit Frische und Frohsinn geladenen Saft. Das Fleisch war ... etwas grobporig, als wären die Zellen alle etwas groß, schwammartig und gespannt von der Fülle des schaumigen Saftes ... Seine Schale enthält wohl die intensivsten Duftstoffe von der ganzen Apfelwelt. Ein Gravensteiner im Schlafzimmer kann mich nachts zum Aufwachen bringen, ja schon die Schale auf dem Teller...«

Dithmarscher Paradiesapfel

Dithmarschen ist der äußerste Südwestzipfel des Landes Schleswig-Holstein. Mit seinen schweren, fruchtbaren Marschenböden grenzt es an die breite Niederelbe und an die Nordsee. Landeinwärts geht der Boden in leichtere, sandigere Geest über. An diesem Übergang, am Beginn des Nord-Ostsee-Kanals, liegt die kleine Stadt Brunsbüttel. Hier fangen schon die für Schleswig-Holstein so typischen Knicks an, mit Busch und einzelnen Bäumen bestandene niedrige Wälle, die Felder und Grünländereien umgrenzen und die oft heftigen Seewinde abbremsen.

In einem solchen Knick entdeckte um 1900 der Landesbevollmächtigte Pflueg einen interessanten Apfel, einen Zufallssämling offensichtlich, denn bewusst dorthin gepflanzt hatte diesen Apfelbaum sicher niemand; er war wohl aus einem weggeworfenen Apfelrest mit Kernen aufgewachsen. Schaut man den Dithmarscher Paradiesapfel an, so kann man vermuten, dass seine Eltern unter den damals schon in Holstein sehr verbreiteten Prinzen- und Taubenäpfeln zu suchen sein müssten.

Ein schöner Apfel: länglich rund, zur Blüte hin etwas spitz zulaufend, in der Grundfarbe von einem hellen, fast weißlichen Grün, das bei der Reife immer gelber wird, in der Regel etwa zur Hälfte bedeckt mit einer zart (rosa-)roten Deckfarbe, die teils durch etwas kräftigere rote Striche verstärkt wird. Das Fleisch ist fest, saftig und mit einem erfrischend mild-

Dithmarscher Paradiesapfel

säuerlichen Aroma gewürzt, das nur dieser Sorte eigen ist und sie unverwechselbar macht.

Der Baum ist gesund und unempfindlich gegen Krankheiten, kann also ohne sog. »Pflanzenschutz« auskommen, wächst munter, aber nicht zu stark und passt gut in Hausgärten und auf Streuobstwiesen. Gepflückt werden kann der Apfel ab Mitte September, und zu lagern ist er bis in den November hinein. Manche bereits ab Mitte August vorzeitig fallenden Früchte kann man schon zu einem sehr leckeren, hell bleibenden Apfelmus verarbeiten.

Da meine Gravensteinerbäume meistens keine besonders üppigen Erträge bringen, gehen mir die Gravensteineräpfel in der Regel schon nach wenigen Wochen aus. Da ist dann der sanfte Übergang zum Dithmarscher Paradiesapfel angesagt. Qualitativ ist dies natürlich etwas ganz anderes, aber man kann durchaus nicht sagen, etwas Schlechteres. Gut, an das phänomenale Aroma und den grandiosen Duft des Gravensteiners reicht der Dithmarscher Paradiesapfel nicht ganz heran – man kann die beiden nicht wirklich vergleichen. Trotzdem ist dieser Paradiesapfel für mich einer der leckersten frühen Herbstäpfel. Vielleicht hat er ja doch schon im Garten Eden gestanden. Das würde es erklären, weswegen Eva den Einflüsterungen der Schlange nicht widerstehen konnte ...

Holsteiner Cox

Mit dem Erzeugen guter Apfelsämlinge ist es so wie mit dem Erzielen von Lottogewinnen – beides ist reine Glückssache. Mein Obstbaukollege Georg Ramm hat es auch einmal probiert und 100 Apfelkerne ausgesät. »Und, was ist denn dabei herausgekommen, als die zu tragen begannen?«, wollte ich wissen. »Och«, sagte er, »zwei konnte man auch essen ...«

Da hatte der Eutiner Maler und Lehrer Johannes Vahldiek mehr Glück. Er hatte um 1900 zehn Kerne seines geliebten Cox Orange in die Erde gelegt. Er schätzte seinen Cox Orange zwar sehr als Frucht, aber der dazugehörige Baum ärgerte ihn ständig mit verschiedensten Krankheiten und Empfindlichkeiten. So kam er dann auf die Idee, man könnte ja mal versuchen, den zimperlichen Cox mit einem robusten Landeskind zu kreuzen, um zu einem weniger anspruchsvollen Cox zu kommen.

Welches robuste Landeskind nun bei der Erzeugung seiner zehn Apfelkerne zum Zuge kam, ist nicht bekannt. Vahldiek führte nicht mit dem Pinsel selber geplante Pollenübertragungen durch, sondern überließ diesen Part den heimischen Bienen. Die auf diese Art erzeugten Sämlinge nannte er »Vahldieks Sämling Nr. 1 bis Nr. 10«. Als dann der Ertrag der jungen Bäumchen einsetzte, entpuppte sich »Vahldieks Sämling Nr. 1« als die interessanteste Variante. Als Holsteiner Cox machte sie später Karriere.

Dieser Holsteiner Cox hat durchaus etwas vom intensiven Aroma seiner Cox-Mutter geerbt, nur ist es hier nicht so edel-milde, sondern kräftiger und forscher und mit mehr Säure unterlegt. Dadurch wirkt der Apfel im Ganzen frisch-fruchtiger und nicht so dezent wie die Muttersorte. Welche der beiden Varianten man bevorzugt, ist reine Geschmackssache. Bei uns zu Hause schwöre ich auf den Holsteiner Cox, meine Frau würde immer den Cox Orange vorziehen.

Dass bei der Entstehung dieser Sorte ein forsches Landeskind mit zum Zug gekommen sein muss, sieht man beim Vergleich der dazugehörigen Bäume: Cox Orange wächst auch auf besten Böden eher dezent und zurückhaltend, die Tochtersorte treibt kräftiges langes Holz in die Breite und gen Himmel. Von Krebs kann allerdings auch sie befallen werden, nur macht es bei ihr nicht solche bedrohlichen Probleme wie beim Cox Orange; wird ein Ast vom Baumkrebs befallen, treibt der Holsteiner Cox flugs daneben einen neuen Zweig als Ersatz aus.

Vor lauter Holz- und Blattproduktion vernachlässigt der Holsteiner Cox auf starkwüchsigen Unterlagen allerdings bisweilen die Fruchtproduktion. »Holsteiner Cox trägt nur auf guten Holsteiner-Cox-Böden«, erklärte mir mal jemand. Soso. Was ist damit wohl gemeint? Wahrscheinlich sind gute Holsteiner-Cox-Böden jene Böden, auf denen diese

Holsteiner Cox
Um 1918 vom Lehrer Vahldiek aus Samen vom Cox Orange gezogen. Im Geschmack kräftiger und etwas säuerlicher, mit vorzüglichem Aroma.
kg 2,90 € Bio-Ware
Herkunft eigen
Kl. II

Wie lagert man Äpfel am besten?

Einer guten Lagerung geht eine Ernte zum richtigen Zeitpunkt voraus. Äpfel sollen nicht frühzeitig, wenn sie noch fest am Baum hängen, abgerupft werden. Hierbei reißt man dann auch oft noch die Fruchtknospen für das nächste Jahr mit ab. Die Frucht soll sich, wenn man sie am Baum mit der Hand leicht nach hinten knickt, bequem an der »Sollbruchstelle« vom Zweig lösen lassen.

Der Apfel lagert am besten bei Temperaturen von 2 bis 4 Grad und genügend hoher Luftfeuchtigkeit. Gut geeignet ist ein kühles Gartenhaus oder der Balkon als Apfellagerstätte, wo man die Früchte in Holz- oder Styroporkisten verpacken und bei Frostgefahr mit Decken schützen kann. Ein bisschen Frost (bis 5 Grad minus) schadet den Äpfeln auch noch nicht einmal, sie werden dadurch aber süßer, weil der Frost Stärke in Zucker umwandelt. Gefrorene Früchte nicht anrühren, sondern vorsichtig und langsam auftauen lassen. Frost unter minus 7 Grad lässt allerdings die Zellen der Früchte platzen, sodass dann nur ein braunes Apfelmus übrigbleibt. Lang lagerfähige Sorten wie Boskoop oder Altländer Pfannkuchen hat man früher auch auf Holzborden in feuchtem Torf oder – wie Steckrüben – in Erdmieten gelagert.

Sorte entstanden ist – die mittelschweren sandigen Lehmböden oder lehmigen Sandböden Ostholsteins. Man darf diese Sorte also nicht zu stark mit Stickstoff düngen und nicht zu scharf beschneiden, und man sollte sie bei guten Böden nicht auf zu starkwüchsigen Unterlagen pflanzen.

Vom Holsteiner Cox gibt es – wie von vielen älteren und neuen Sorten – rote Mutanten, also von der Natur selber hervorgebrachte Varianten, bei denen das Goldgelb und Ziegelrot des Originals durch ein fast flächendeckendes dunkles, leicht bräunliches Rot ersetzt ist. Rot ist die Modefarbe bei Äpfeln. Der Kunde greift nach roten Äpfeln, also baut der Erwerbs-Obstbau fast nur noch die roten Varianten an, auch wenn sie, wie ich meine, oft deutlich flauer als die gelben Ursprungssorten schmecken.

Aber auch für diese Variante des Holsteiner Cox stehen die Sterne im Erwerbs-Obstbau nicht günstig: Holsteiner Cox wie auch Cox Orange gelten hier als tendenziell zu kleinfrüchtig, in südlicheren Regionen wird es diesen kühles, maritimes Klima liebenden Sorten als Folge des Klimawandels schon deutlich zu warm, und selbst an der Niederelbe werden die beiden Sorten neuerdings im Erwerbs-Obstbau nicht mehr zum Anbau empfohlen.

Finkenwerder Herbstprinz

Wenn im November so langsam die beste Zeit des Holsteiner Cox vorbei ist, kommt die große Stunde des Finkenwerder Herbstprinzen. Der Name Herbstprinz ist fast ein wenig irreführend: Die meiste Zeit des Herbstes hat der Finkenwerder Herbstprinz noch auf dem Baum zu verbringen; er wird als eine der letzten Sorten Ende Oktober gepflückt. Eine zu frühe Pflücke geht stark zu Lasten seines Aromas.

Bei »Prinzens« geht es hier in Norddeutschland manchmal ein wenig durcheinander: **Stahls Winterprinz**, auch ein passabler Tafel- und Wirtschaftsapfel aus Holstein, ist in seiner Reife und Lagerbarkeit etwas früher dran als der Finkenwerder Herbstprinz. Insgesamt gibt es hier ein paar Dutzend Prinzenäpfel, die wichtigsten und bekanntesten sind **Hadelner Sommerprinz**, **Otterndorfer Prinz**, **Holländer Prinz**, **Englischer Prinz**, **Doppelter Prinz**, **Francoper Prinz**, **Vierländer Winterprinz**, **Doppelter Winterprinz**, **Stedinger Prinz**.

In Holstein laufen die Prinzenäpfel auch unter dem Namen **Melonenäpfel** oder **Nonnenäpfel**, und auch die **Holsteiner Paradiesäpfel** zählen zu den Prinzen-

Finkenwerder Herbstprinz

Stahls Winterprinz

Otterndorfer Prinz

Echter Prinzenapfel

äpfeln. Wahrscheinlich stammen sie alle direkt oder indirekt von dem alten **(Echten) Prinzenapfel** ab, der im Brandenburgischen als **Hasenkopf** bezeichnet wird. Diesen gab es schon vor 1800. Im Niederelberaum und im angrenzenden Norddeutschland scheint er sich besonders wohl gefühlt zu haben oder besonders beliebt gewesen zu sein.

Der beliebteste und am weitesten verbreitete aller Prinzen war zweifelsohne der finkenwerder Herbstprinz. Im Alten Land war er noch in den 1960er-Jahren auf Platz eins vor allen anderen Apfelsorten. Dann kamen die EWG und später die EU, und für bewährte Regionalsorten war kein Platz mehr auf dem europäischen Markt. Mit Nachhilfe von Rodungsprämien war ihnen innerhalb von zwei Jahrzehnten anbaumäßig der Garaus gemacht.

Die Karriere des Finkenwerder Herbstprinzen war zunächst gar nicht absehbar gewesen. Als der junge Obstbauer Carsten Benitt um 1890 im damals noch lüneburgischen Teil der Elbinsel Finkenwerder diesen Zufallssämling an der Grabenkante bei seinem Nachbarn entdeckte und sich anscheinend sogleich in diesen Apfel verliebte, war die Sortenlandschaft hierzulande noch vielfältig und buntscheckig. Noch bis 1940 tummeln sich laut Listen des offiziellen Obsthandels über 200 Apfelsorten auf dem norddeutschen Markt. Der beliebteste Prinzenapfel des Alten Landes war der **Rotprinz**, eine heute fast gänzlich vergessene, relativ kleine, leuchtend rot gestreifte Prinzenvariante. Noch in einer Erntestatistik des Alten Landes von 1939 wird der Finkenwerder Herbstprinz bei 62 namentlich aufgeführten Sorten mal gerade eben auf Rang 37 erwähnt. Seine große Zeit kommt dann ab den 1950er-Jahren, 30 Jahre später ist sie – gewaltsam abgewürgt – schon wieder vorbei.

Rotprinz

Was macht nun diesen Prinzenapfel so besonders gegenüber seinen Konkurrenten? Hinsichtlich des alten Favoriten **Rotprinz** hat er den Vorteil, dass er größer ist, nicht alterniert, also jedes Jahr voll trägt, und im Geschmack überzeugender ist. Viele der Prinzenäpfel haben eine bestimmte geschmackliche Note, die man als »Prinzen-Aroma« bezeichnen könnte. Beim Finkenwerder Herbstprinz ist dieses Aroma am stärksten ausgeprägt und gegen ein harmonisch ausgewogenes Zucker-Säure-Verhältnis abgehoben. Der Apfel ist dabei nicht lieblich, sondern eher herb, wie es zu dem maritimen Klima des Nordens passt, in dem er entstanden ist. Er ist eher säuerlich, nicht sehr saftig, fest im Fleisch. Ein echt starker Charakter. Es muss ihn nicht jeder mögen, aber er ist ein Charakter, der als etwas sehr Eigenständiges wahrnehmbar ist, der nicht gleichgültig lässt, über den man diskutieren kann.

Nicht zu diskutieren braucht man über seine Qualitäten als Wirtschaftsapfel. Er ist gut zum Backen, gut zum Kochen, vor allem auch in Kombination mit Fischgerichten, und man kann gut Apfelmus, Saft, Gelee, Likör und Apfelbrand aus ihm machen.

Jan-Heitmann-Apfel

Jan Heitmann, wer war Jan Heitmann? Jan Heitmann hatte auf seinem Hof im niedersächsischen Wilstedt bei Bremen einen Apfelbaum stehen, der einem Stallneubau weichen sollte. Da er den Baum zu schade zum

Absägen fand, buddelte er ihn aus und schenkte ihn seinem Nachbarn, einem Gemüsebauern. Dieser legte Früchte von dem Baum den Sortenbestimmern des Pomologen-Vereins vor, die solche Äpfel noch nie gesehen hatten und also auch nicht identifizieren konnten.

Der Sortenbestimmer Andreas Kallwitz verguckte sich in diese Sorte, oder sollte man besser sagen: Er verbiss sich in diese Sorte? Solch einen Apfel hatte er noch nie auf der Zunge gehabt: ein fester, nicht sehr saftiger, süßer Apfel mit einem äußerst markanten, irgendwie »scharfkantigen« Aroma, fast wie das Zartbitter der Schokolade. Kallwitz besorgte sich Reiser, veredelte ein paar Bäume und benannte sie nach dem Entdecker der Sorte, dem Bauern Jan Heitmann. Es schien ein lokaler Zufallssämling Nordniedersachsens zu sein.

Im Jahr darauf wurden auf dem Wilstedter Apfeltag wiederum die gleichen Früchte vorgelegt, allerdings stammten sie von einem anderen Baum in der Gegend. Wenn diese Sorte nun ein Zufallssämling der Region war, dann konnte es von ihr keinen zweiten Originalbaum derselben Sorte geben. Da nun aber offensichtlich ein zweiter Baum existierte, konnte er nur durch Abveredelung vom ersten entstanden sein, oder es war ein zweites Exemplar einer in Wirklichkeit alten pomologischen Sorte in der Gegend vorhanden. Leider wurde versäumt, den Standort des zweiten Baumes zu notieren, sodass man nun nicht überprüfen kann, ob dieser vielleicht wesentlich jünger als der erste ist und somit möglicherweise von ihm abstammt.

Eine neue Fährte auf der Suche nach dem Ursprung des Jan-Heitmann-Apfels tat sich kürzlich bei einer Zusammenkunft mit holländischen Pomologen auf. Vielleicht ist unsere Sorte identisch mit dem **Lunterse Pippeling** aus der niederländischen Provinz Gelderland – aber nach unseren neuesten Beobachtungen scheint Jan Heitmann doch nicht in allen Punkten mit diesem übereinzustimmen ...

Zurück zum Apfel: was für eine Frucht! Sie ist sozusagen der Gegenentwurf zum Rote-Plastikkugel-Modell des modernen Supermarktapfels. Ein eher kleiner, flachrunder Apfel, den man für eine unter die Äpfel verschlagene Form der Landschildkröte halten könnte, ein schmutziges Gelb, das über und über mit feinem, bräunlich-grünem Rost überzogen ist, der die Schale sehr rau anfühlen lässt, nur ganz selten schaut mal ein Fleckchen glatte Schale mit einem freundlichen Orangerot hervor. Dazu kommen noch gelegentliche Beulen und Warzen, die die äußere Attraktivität der Frucht auch nicht gerade erhöhen. Allerdings kann man dadurch auf ein vielsagendes Zitat von Jean Paul geleitet werden:

»Unter den Menschen und Borsdorfer Äpfeln sind nicht die glatten die besten, sondern die rauhen mit einigen Warzen.« Jean Paul wusste, was modernen Apfelkonsumenten meist unbekannt ist: Die Rauschaligkeit vergrößert quasi die Oberfläche des Apfels und schafft eine viel größere Fläche zum Austausch mit der Atmosphäre, wodurch die Intensität des Aromas erheblich gesteigert werden kann.

Jan-Heitmann-Apfel

Klar, bei einem derartigen Äußeren kann dieser Apfel nie ein Publikumsliebling werden. Doch auch an seinem Geschmack scheiden die Geister sich extrem ; die einen reagieren auf ihn nahezu enthusiastisch, die anderen verstehen gar nicht, wie man sich für so etwas Schräges begeistern kann. Eindeutig, dieser Apfel hat auf jeden Fall Charakter, über ihn kann man sich streiten – Eigenschaften, durch die sich die modernen Supermarktäpfel, die allen gefallen wollen und müssen, nie hervortun.

Meine letzten beiden Lieblingsäpfel der Saison werde ich hier nur kurz nennen, sie werden an anderer Stelle noch mal erwähnt.

Freiherr von Berlepsch

Dieser schöne Winterapfel kommt ab Anfang Dezember in seine volle Genussreife. Ein saftiger, süßsäuerlicher Apfel mit einem großartigen, fruchtig-würzigen Aroma. Hinzu kommen als »innere Werte« eine hoher Vitamin-C- und Phenol-Gehalt, der diesen Apfel auch für die meisten Apfel-Allergiker verträglich macht.

Aber Berlepsch ist nicht gleich Berlepsch. Die Mutante **Roter Berlepsch** ist meiner Meinung nach sehr passabel und nicht schlechter als das goldgelbe Original. Da die Modefarbe Rot sich besser verkauft, findet man – wenn man ihn denn überhaupt noch irgendwo findet – eher den Roten Berlepsch auf dem Markt. Auch bei einem Altländer Obstbauernkollegen fand ich zu meiner Überraschung diese Sorten im Angebot. Ich kaufte mir probeweise einige von seinen schönen großen roten Äpfeln und war sehr enttäuscht: Das Aroma, das bei meinen kleineren Früchten so überzeugend intensiv war, fand sich in diesen großen Äpfeln kaum mal im Ansatz wieder. Offensichtlich war es wieder das Problem, auf das ich schon mehrfach gestoßen war: Der moderne Erwerbsobstbau zieht seine Äpfel auf schwachwachsenden Unterlagen (meist »M 9«) und

Roter Berlepsch

Goldrenette Freiherr von Berlepsch

kommt dadurch schnell zu vielen, großen Früchten, viel größeren Früchten, als der Hausgärtner oder Streuobstbesitzer in der Regel ernten kann. Das Problem ist nur: Bei den alten Sorten sind diese großen Früchte viel flauer und fader im Geschmack als die kleineren Äpfel von den starkwüchsigeren Bäumen. Das Volumen kann man leicht vergrößern, nur wächst das Aroma leider oft nicht in gleichem Maße mit. Ganz extrem schmeckt man dies z.B. bei **Cox Orange**, da hat die moderne große Plantagenversion geschmacklich kaum noch Ähnlichkeit mit dem würzigen kleinen rauschaligen Apfel vom Hochstammbaum. Da der Erwerbs-Obstbauer seine Ware nach Gewicht bezahlt bekommt und nicht nach Intensität des Aromas, nimmt er dieses Manko achselzuckend in Kauf.

Noch ein Tipp: Wer diese Sorte als Hochstamm pflanzen möchte, sollte lieber das Original und nicht die rote Mutante wählen – sie bringt die größeren Früchte.

Ananas-Renette

Dies ist mein letzter Liebling der Apfelsaison; wenn der Vorrat dann zu Ostern auch verbraucht ist, tendiert mein Apfelkonsum gegen Null, denn mit mittelmäßigem Geschmack gebe ich mich ungern ab. Man wird halt etwas wählerisch und verwöhnt, wenn man sich zu lange mit dem Thema Apfel beschäftigt. Früher, als es noch nicht alle diese raffinierten Kühltechniken gab, endete die Frischapfel-Saison im April/Mai, danach gab es Apfel nur noch in konservierter Form wie Dörrobst, Apfelmus oder in flüssiger Form (Apfelwein etc.)

Die Ananas-Renette ist ein wirklich nicht alltäglicher Apfel. Die eher kleine, gelbe Frucht ist besetzt mit vielen kleinen, grün umrahmten Pünktchen (»Lentizellen«) und sieht - mit viel Fantasie betrachtet - von der Seite ein wenig wie eine Ananas aus mit ihren oben auf der Frucht deutlich hervorstehenden grünlichen Kelchblättern. Das feste Fleisch hat allerdings kein an Ananas erinnerndes Aroma, sondern geht in Richtung Schwarze Johannisbeere. Nicht milde, sondern sehr kräftig ist es, sodass ich diesen Apfel nicht einfach mal so nebenher vernasche, sondern eher einzeln und bewusst wie ein gezielt eingesetzter Leckerbissen und mich dabei immer wundere und freue, dass es einen solchen Apfelgeschmack in der Wüste des modernen Apfel-Einerleis immer noch gibt.

Ananas-Renette

Die Äpfel und unsere Gesundheit

Äpfel sind natürliche Helfer – und Äpfel sind Allergie-Auslöser

Allgemein ist bekannt, dass Äpfel unserer Gesundheit förderlich sind. Das englische Sprichwort »An apple a day keeps the doctor away« hört man oft zitiert, auch in der deutschen Version »Ein Apfel am Tag – mit dem Doktor kein Plag«. Kürzlich kam mir an meinem Hamburger Marktstand ein Kunde mit der originellen plattdeutschen Variante »Jeden Dag een Appel un de Dokter holdt sien Sabbel«.

Dieses Obst enthält eine Fülle wertvoller Inhaltsstoffe: die Mineralstoffe Eisen, Kalium, Natrium, Magnesium und Kalzium, Spurenelemente wie Jod, Kupfer, Zink, Vitamine (vor allem Vitamin C), wertvolle Ballaststoffe wie Pektin, außerdem Tannine, Polyphenole usw.

Ein relativ neues Phänomen im Zusammenhang mit dem Komplex Apfel und Gesundheit ist aber das Thema Apfel-Allergie. Vor etwa 20 Jahren war es noch so gut wie unbekannt, heute leiden schätzungsweise schon 15 Prozent der Apfelesser unter allergischen Reaktionen beim Verzehr frischer Äpfel. Meist kommt es zu lästigem Jucken und Schwellungen im Bereich der Schleimhäute im Mundbereich, die in der Regel nach relativ kurzer Zeit wieder abklingen. Bei Menschen, die hochgradig allergisch sind, können diese Beschwerden jedoch bedrohliche Ausmaße annehmen, die sogar zu Erstickungsanfällen und Herzattacken führen. Allen Betroffenen bleibt daher nur, Äpfel nicht in frischer, sondern in gekochter, gebackener oder anderweitig erhitzter Form zu essen, die zumeist problemlos vertragen werden.

Eins möchte ich betonen: Ich bin kein Mediziner, der hier zum Thema Apfel-Allergie medizinischen Ratschläge geben wollte. Aber als kleinem Apfelbauern sind mir über die Jahre immer mehr Apfelfreunde über den Weg gelaufen, die mit Bedauern oder Achselzucken mitteilen, das Thema

Gesundheitliche Aspekte des Apfels

In der Hausmedizin lassen sich diese positive Effekte des Apfels beobachten:

Darmentzündungen

Äpfel enthalten reichlich Gerbstoffe, die im Darm entzündungshemmend wirken und außerdem schädlichen Bakterien den Garaus machen.

Durchfall

Der hohe Pektin-Gehalt sorgt für eine natürliche Verdickung des Darminhalts und normalisiert die Verdauung. Bei akutem Durchfall täglich einen bis zwei Äpfel reiben und verzehren.

Herzschwäche

Zu den relativ neu entdeckten Wirkstoffen gehört das Phenylalanin. Dieser Stoff aktiviert im Körper vorhandenes Coenzym Q, das vor allem das Herz stärkt.

Hohe Blutfettwerte

Der Ballaststoff Pektin wirkt hier geradezu optimal, denn er senkt das negative Cholesterin LDL und erhöht das positive Cholesterin HDL.

Stärkung des Immunsystems

Ein ganz wesentlicher Faktor für ein intaktes Immunsystem ist ein gesunder Darm. Äpfel helfen einerseits, die Darmflora zu sanieren. Zum anderen stärkt das Vitamin C zusätzlich die Abwehrkräfte und sorgt für eine bessere Produktion von Killerzellen.

Zahnpflege

Der Apfel hat mit seinen sanften Fruchtsäuren und Ballaststoffen einen stark reinigenden Effekt für die Zähne und funktioniert daher gut für die Zahnreinigung zwischendurch.

Zum Abnehmen

Ein Apfel hat nur etwa 50 Kalorien pro 100 Gramm, aber durch den Ballaststoff Pektin ein hohes Sättigungspotenzial. Daher wirkt der Apfel wie ein natürlicher Schlankmacher.

Apfelessen habe sich für sie leider erledigt – sie hätten eine Apfel-Allergie. Aus vielen Gesprächen habe ich diesbezüglich Erfahrungen sammeln können.

Offenbar stellt sich eine Apfel-Allergie bei den meisten plötzlich und ohne Vorwarnung ein. Viele dieser Personen leiden schon unter einer Pollen-Allergie, und zusätzlich zu dieser kommt nun die Apfel-Allergie als so genannte Kreuz-Allergie hinzu. Bei einigen wenigen Personen fallen die Reaktionen auf frische Äpfel besonders extrem aus: Sie drohen durch starke Schwellungen im Rachenbereich zu ersticken, und sie können darüber hinaus heftige Herzattacken bekommen, was zu lebensbedrohlichen Situationen führen kann. Wer zu solchen Reaktionen neigt, sollte niemals auf eigene Faust und ohne vorherigen ärztlichen Rat jene Apfelsorten essen, mit denen viele andere Allergiker gute Erfahrungen machen.

Bei näherem Hinsehen zeigt sich eine komplexe Situation: Bislang raten Ärzte ihren betroffenen Patienten in vielen Fällen kategorisch von jeglichem Verzehr frischer Äpfel ab – die Begründung: Es gebe für sie keine sicheren Sorten. Dem steht entgegen, was mir viele Apfel-Allergiker in den letzten Jahren erzählt haben: Menschen mit in der Regel leichten allergischen Reaktionen können durchaus eine Reihe von Apfelsorten – darunter vor allem alte Apfelsorten – problemlos vertragen.

Hinweis für Allergiker

Hochgradig sensibilisierte Allergiker sollten auf keinen Fall ohne Zustimmung und Begleitung ihres betreuenden Facharztes Selbstversuche mit ihnen unbekannten Apfelsorten durchführen. Je nach individueller Konstitution und Schwere der Apfel-Allergie kann eine solche Eigenexposition schwerwiegende allergische Symptome bis hin zur Anaphylaxie (massive Überreaktion des Immunsystems bis hin zum mitunter tödlichen verlaufenden anaphylaktischen Schock) auslösen.

Natürlich kann ein Apfel-Allergiker immer nur selber für sich entscheiden, ob er den Versuch wagen und von anderen Allergikern als unproblematisch eingestufte Apfelsorten ausprobieren möchte. Hochgradig allergische Menschen würden und sollten das ganz sicher nicht tun. Viele Allergiker mit generell geringen allergischen Reaktionen nehmen mögliche leichte Folgeerscheinungen wie juckende Mundschleimhäute jedoch in Kauf, wenn sie die Chance haben, endlich einen Apfel zu finden,

den sie nahezu sorglos essen können. Ich habe Allergiker Luftsprünge vor meinem Marktstand machen sehen: »Seit vielen Jahren der erste Apfel, den ich problemlos vertrage!«

Aber was genau ist eine Apfel-Allergie? In erster Linie sind es Reaktionen auf Inhaltsstoffe des Apfels selbst, nicht aber allergische Reaktionen auf Reste von Spritzmitteln auf den Äpfeln, die verzehrt wurden. Diese Reaktionen sind offenbar auch keine konstanten Erscheinungen. Der Apfel ist ja ein Stück Natur und lebt und verändert sich, und somit können sich auch die Reaktionen der Allergiker auf die Äpfel ändern. Ein Kunde berichtete, er habe selbst mehrere Apfelbäume. Im Herbst – frisch vom Baum weg – könne er alle seine Sorten ohne Probleme essen. Wenn er sie aber einige Wochen oder Monate gelagert habe, würden sie alle für ihn unverträglich. Dies hängt sicher mit den im Apfel ablaufenden Stoffwechselprozessen zusammen. So baut sich zum Beispiel der Phenolgehalt im Apfel bei längerer Lagerung ständig weiter ab.

Bestimmte Phenole bzw. Polyphenole scheinen nach neuen wissenschaftlichen Untersuchungen eine ganz wesentliche Rolle in diesem Zusammenhang zu spielen, Stoffe, die in älteren Apfelsorten in der Regel in stärkerem Maße vorhanden sind und dort für höhere Gesundheit der Bäume und für einen säuerlicheren Geschmack der Früchte sorgen. Außerdem lassen sie angeschnittene Äpfel schneller braun anlaufen. Vor allem letztere Eigenschaft war Züchtern moderner Sorten ein Dorn im Auge, und man zielte bei Neuzüchtungen daher auf eine Absenkung des Phenolgehaltes ab. Leider ohne zu beachten, dass die Phenole auch eine Barriere für allergieauslösende Eiweißverbindungen darstellten, die sich nun nach dem Wegfall dieser Bremse gut entfalten konnten.

Für eine vom BUND Lemgo geförderte und unterstütze Bachelor-Arbeit von Thomas Bernert, die am Institut für Lebensmitteltechnologie der Hochschule Ostwestfalen-Lippe entstand, wurden die Polyphenolgehalte ausgewählter Apfelsorten ermittelt. Dabei bestätigten sich die Vermutungen, dass die Apfelsorten mit den hohen Phenolgehalten identisch waren mit den Sorten, die Allergiker gut vertragen.

Der BUND Lemgo betreut mitten in der Stadt eine schöne alte Streuobstwiese, an deren Pflege viele Mitglieder gern teilnehmen. Dabei standen einigen von ihnen, wenn es zum Ernten der Früchte kam, immer etwas traurig beiseite; sie durften die Früchte nicht probieren, sie hatten ja eine Apfel-Allergie. Bis sich dann doch erste Mutige trauten, in einen der leckeren Äpfel zu beißen. Und siehe da, es passierte – nichts. Diese verblüffende Beobachtung ließ dann auch andere Allergiker mutiger werden. Das Ergebnis war gleich: Fast alle der alten Sorten waren für Apfel-Allergiker unproblematisch.

Biesterfeld-Renette

Alkmene

Das war dann eine große Motivation, sich mit diesem Thema eingehender zu befassen. Seit 2007 führt der BUND Lemgo Erhebungen unter Allergikern durch, um herauszufinden, welche Apfelsorten sie vertragen und welche nicht. Der aktuelle Stand ist immer unter www.bund-lemgo.de abrufbar.

Im Sommer 2015 sind die Hits die nach bisheriger Beobachtung allergikerfreundlichen Sorten **Alkmene**, **Ananas-Renette**, **Altländer Pfannkuchen**, **Berlepsch**, **Biesterfeld-Renette**, **Finkenwerder Herbstprinz**, **Goldparmäne**, **Gravensteiner**, **Kaiser Wilhelm**, **Prinz Albrecht von Preußen**, **(Roter) Boskoop**, **Ontario**, **Schöner aus Boskoop (Grüner Boskoop)**, **Santana**, **Weißer Klarapfel**, **Weißer Winterglockenapfel**.

Die Negativliste der unverträglichen Sorten führen an: **Golden Delicious**, **Granny Smith**, **Braeburn**, **Jonagold**, **Elstar**, **Gala** (die vollständige Liste finden Sie unter www.bund-lemgo.de/apfelallergie.html).

Doch es muss noch einmal betont werden: Kaum eine der vom BUND Lemgo aufgeführten Apfelsorten ist für alle Allergiker gleich verträglich bzw. unverträglich. Fast immer gibt es einzelne Meldungen, wonach eine Apfelsorte, die der allergrößte Teil der Allergiker bestens vertragen hat, bei einzelnen doch zu Reaktionen geführt hat. Umgekehrt melden vereinzelt Allergiker, dass sie eine Sorte sehr wohl vertragen hätten, die über 90 Prozent ihrer Leidensgenossen als unverträglich einstufen. Die Allergien sind nicht absolut gleichartig, genauso wenig wie die von ihnen betroffenen Menschen.

Interessant in diesem Zusammenhang ist auch die Mitteilung einiger Allergiker, die behaupten, durch kontinuierlichen Genuss verträglicher Apfelsorten im Laufe der Zeit offenbar zu einer Desensibilisierung gegenüber Apfel-Allergenen gekommen zu sein und mittlerweile wieder viel mehr verschiedene Sorten problemlos essen zu können. Hierzu bedarf es sicher noch weiterer medizinischer Forschungen, die Betroffene selber unterstützen können. Der BUND Lemgo sucht Apfel-Allergiker als Testpersonen, die an einem empirisch fundierten Desensibilisierungsversuch teilnehmen möchten, der unter der Leitung von Prof. Dr. Karl-Christian Bergmann vom Allergiezentrum der Berliner Charité stattfindet (www.bund-lemgo.de). Erfahrene Mitglieder des Pomologen-Vereins werden für dieses Projekt die benötigten Äpfel alter Sorten liefern, und das Institut für Lebensmitteltechnologie der Hochschule OWL wird den Phenolgehalt der zu testenden Sorten ermitteln.

Wer nun die hier genannten Sorten als Allergiker testen möchte, steht schnell vor dem Problem, dass er sie kaum irgendwo im Handel findet. Glücklich, wer sich dann solche Sorten selber in seinen Hausgarten pflanzen kann oder Zugang zu einer Streuobstwiese hat, wie sie oft von den Umweltschutzverbänden BUND und NABU betreut werden. Im Handel finden sich am ehesten zwei moderne Apfelsorten, **Santana** und **Rubinette**, die – wider Erwarten – zumeist auch von Allergikern vertragen werden. Auch auf gut bestückten Wochenmarktständen findet sich in der Apfelsaison mal die eine oder andere verträgliche alte Sorte (**Berlepsch**, **Gravensteiner**, **Goldparmäne**, **Roter Boskoop** u.a.). Der BUND Lemgo nennt auf seinen Internet-Seiten auch einige Bezugsquellen, und hier im Serviceteil sind Anbauer und Vermarkter aufgelistet, die alte Apfelsorten anbieten.

Eines ist klar: Das Thema Apfel-Allergie interessiert eine breite Öffentlichkeit und wird die Pomologen noch länger beschäftigen. Wir vom Boomgarden-Projekt wurden Anfang September 2014 zusammen mit dem BUND Lemgo im NDR-Gesundheitsmagazin »Visite« ausführlich im Zusammenhang mit dem Thema Apfel-Allergie dargestellt. Die Folge waren Hunderte von Bestellungen von »Allergiker-Probierpaketen« aus ganz Deutschland in unserem Onlineshop. Die Rückmeldungen bestätigten die Erwartung, dass auch alte Sorten nie hundertprozentig verträglich sind, einfach weil Allergien von Mensch zu Mensch unterschiedlich sind. Es gab sehr positive Berichte, aber es gab auch einzelne Meldungen, man habe bestimmte der angebotenen Sorten nicht ohne negative Reaktionen vertragen.

Vorsicht ist Apfel-Allergikern beim Probieren unbekannter Sorten also immer dringend geraten – umso schöner, wenn sie sich dann als unbegründet herausstellt und ein Allergiker nach Herzenslust eine der alten Apfelsorten genießen kann.

Obstblüte in einem alten Mecklenburger Pfarrgarten

Wo wächst was?

Ein Streifzug durch die vier großen Anbau-Regionen

Die Anbaugebiete alter Apfelsorten lassen sich in vier große Regionen unterteilen. Der Norden – auch als **KÜSTENREGION** bezeichnet – reicht bis ins anschließende norddeutsche Tiefland, das bis an die Mittelgebirge heranreicht (Schleswig-Holstein, das nördliche Niedersachsen, Westfalen). Hier gibt es kühlere Sommer, milde Winter und hinreichende bis reichliche Niederschlagsmengen.

In der Küstenregion finden wir Alkmene, Altländer Pfannkuchen, Ananas-Renette (nur auf hinreichend guten Böden), Berner Rosenapfel, Celler Dickstiel, Danziger Kantapfel, Dülmener Rosenapfel, Goldparmäne (aber nur an hinreichend warmen Standorten, nicht im Seewindbereich Nordfrieslands), Cox Orange (nur auf guten fruchtbaren Böden), Filippa, Finkenwerder Herbstprinz, Goldrenette von Blenheim, Grahams Jubiläumsapfel, Hadelner Rotfranch, Holsteiner Cox, Holsteiner Zitronenapfel, Ingrid Marie, Jakob Lebel, James Grieve, Jonathan, Juwel aus Kirchwerder, Kaiser Wilhelm, Martini, Ontario, Pannemanns Tafelapfel, Prinz Albrecht von Preußen, Pfirsichroter Sommerapfel, Purpurroter Cousinot, Riesenboiken, Roter Boskoop, Schöner aus Boskoop, Schöner aus Herrnhut, Seestermüher Zitronenapfel, Signe Tillisch, Stahls Winterprinz, Stina Lohmann, Weißer Klarapfel, Weißer Winterglockenapfel.

Die Mehrzahl dieser Sorten zählt zu den guten bis brauchbaren Tafeläpfeln. Exzellente Tafelobstsorten sind Alkmene, Ananas-Renette, Goldparmäne, Cox Orange, Hadelner Rotfranch, Prinz Albrecht, Signe Tillisch.

Noch brauchbare Essäpfel, aber vor allem gute Wirtschaftsäpfel sind Altländer Pfannkuchen (Saft, Mus), Grahams Jubiläumsapfel (Mus), Jakob Lebel (Backen, Mus), Riesenboiken (Mus, Backen), Boskoop (Backen, Kochen, Mus), Seestermüher Zitronenapfel (Saft, aber auch guter Essapfel), Weißer Klarapfel (hervorragend für Apfelmus).

In den einzelnen Unterregionen dieses Gebiets gibt es natürlich auch Einflüsse der Nachbarländer und -regionen sowie eigene attraktive Lokalsorten, die den Sprung in eine überregionale Bekanntheit (noch) nicht geschafft haben. In Schleswig-Holstein finden sich oft der dänische Gravensteiner und seine leckeren Tochtersorten Signe Tillisch und Filippa. Aus dem dänischen Südtondern stammt der schöne rote Maren Nissen, ein schmaler Prinzen- oder Taubenapfeltyp. Englische Küchenäpfel, die aber auch schmackhafte, säuerlich-würzige Tafeläpfel sind, hat man hier so gut eingebürgert, dass sie heute meist unter deutschem Namen laufen: Gelber Edelapfel (Golden Noble) und Holsteiner Zitronenapfel (Potts' Seedling). Aus Dithmarschen im südwestlichen Holstein kommen leckere, attraktive Lokalsorten wie Dithmarscher Paradiesapfel, Krumstedter Paradiesapfel und Dithmarscher Borsdorfer, auch Rosa-Claussen-Apfel genannt, der 2015 im Norden zum »Apfel des Jahres« ernannt wurde.

Das nördliche Niedersachsen kommt mit diversen Prinzenäpfeln (Hadelner Sommerprinz, Holländer Prinz, Otterndorfer Prinz u.a.), dem leuchtend roten Knebusch-Apfel aus Sittensen, dem auch mit leichten Sandböden zufriedenen Uphuser Tietjenapfel und dem mit feucht-sauren Moorböden zurechtkommenden Berliner aus dem Bremer Umland.

Ingrid Marie

Seestermüher Zitronenapfel

Rosa-Claussen-Apfel

Wildeshauser Renette

Osnabrücker Renette

Westlich der Weser trifft man auf den schön roten Franksenapfel, auch Sinswürdener Cox genannt, südwestlich davon im oldenburgischen Ammerland ist die aromatische Wildeshauser Renette heimisch. Osnabrück hat schon vor über 200 Jahren die rauschalig-berostete, herbe Osnabrücker Renette als interessanten Winterapfel hervorgebracht. In Ostfriesland trifft man auf den kleinen, gänzlich roten Ostfriesischen Herbstkalvill, aus den benachbarten Niederlanden kommt die robuste Groninger Krone herüber, im Kreis Leer unweit der Grenze entstand der aromatisch süßsäuerliche Frühherbstapfel Bagbander Slientje. Etwas südlich davon gibt es den schönen frühen Roten Papenburger. Das Münsterland ist die Heimat von Dülmener Rosenapfel und Roter Münsterländer Borsdorfer.

Alle hier aufgeführten Äpfel der Küstenregion können bis in die südlich angrenzenden Mittelgebirge hinein angepflanzt werden, ja, einige von ihnen tauchen sogar in einem oberbayerischen Baumschulkatalog wieder auf (Altländer und Horneburger Pfannkuchen, Finkenwerder Herbstprinz). Als ich etwas irritiert meinen bayerischen Pomologen-Kollegen im Allgäu fragte, was es denn damit wohl auf sich habe, erklärte er mir, das seien am Alpenrand Sorten für Höhenlagen ab 300 Meter. Der gemeinsame Nenner mit Sorten vor Ort sei: Das Klima dürfe ruhig etwas rau und kühl sein, es müsse genügend Niederschläge geben, es dürfe um Gottes Willen nicht so heiß wie im Weinbauklima sein, dort würden die norddeutschen Sorten nämlich vom Mehltau geplagt und nur noch fade süßlich schmecken. Mein mittlerweile verstorbener Kollege Howard Stringer hatte im warmen südwestlichen England ähnliche Erfahrungen gemacht. Sein geliebter Finkenwerder Herbstprinz kümmerte krankheitsgeplagt vor sich hin. Doch er, verriet er mir, habe die Lösung gefunden: Er verpflanzte den Baum kurzerhand an die Nordseite einer Mauer neben eine überlaufende Regentonne, und er gedieh prächtig; er fühlte sich wohl wie zu Hause in Finkenwerder ...

Um die Aufmerksamkeit der Öffentlichkeit auf einige wichtige und interessante norddeutsche Apfelsorten zu lenken, haben wir uns im Jahr 2000 mit ein paar Pomologen, Apfelfreunden und Baumschulern im Freilichtmuseum am Kiekeberg am südlichen Stadtrand von Hamburg zusammengesetzt, um für die kommenden Jahre die »Apfel des Jahres« festzulegen. Auswahlkriterien waren: Herkunft des Apfels aus Norddeutschland, Attraktivität der Sorte als Tafel- und/oder Wirtschaftsapfel – er sollte also eine neue Aufmerksamkeit oder ein neues Interesse gewissermaßen »verdient« haben –, eine gewisse Verfügbarkeit von Früchten der Sorte, um sie in der Herbstsaison interessierten Apfelfreunden wenigstens zum Probieren anbieten zu können. Im Frühling wurde jeweils ein Hochstamm der betreffenden Sorte vor Pressevertretern gepflanzt, um die Öffentlichkeit auf die Sorte des Jahres einzustimmen.

Bagbander Slientje

Horneburger Pfannkuchen

»Apfel des Jahres« der »Norddeutsche Apfeltage«

Finkenwerder Herbstprinz (2001), Celler Dickstiel (2002), Ruhm von Kirchwerder (2003), Biesterfeld-Renette (2004), Wilstedter Apfel (2005), Altländer Pfannkuchen (2006), Seestermüher Zitronenapfel (2007), Wohlschmecker aus Vierlanden (2008), Stina Lohmann (2009), Juwel aus Kirchwerder (2010), Martini (2011), Rotfranch (2012), Knebusch (2013), Gelber Richard (2014), Rosa-Claussen-Apfel (2015).

Abbildungen dieser Sorten findet man unter www.apfeltage.info

Weißer Klarapfel

Die Küstenregion geht im Südosten in eine **OSTREGION** über, die die östliche Lüneburger Heide, Mecklenburg-Vorpommern, Sachsen-Anhalt, Brandenburg, Thüringen und Sachsen umfasst. Gekennzeichnet ist die Ostregion durch höhere Temperaturen im Sommer, tiefere im Winter und deutlich weniger Niederschläge, was im Sommer z.T. zu gefährlichen Trockenperioden führen kann.

In der Ostregion finden wir viele alte pomologische Sorten, die früher überregional verbreitet waren. Der Deutsche Pomologen-Verein hatte hier im 19. Jahrhundert viele Mitglieder, die dafür sorgten, dass die vom Verein gelobten und empfohlenen Sorten auch verbreitet und angepflanzt wurden. So findet man auch heute noch in den einschlägigen Baumschulen Sorten wie Berlepsch, Boskoop, Cox Orange, Croncels, Danziger Kantapfel, Dülmener Rosenapfel, Erwin Baur, Geheimrat Breuhan, Goldparmäne, Gravensteiner, Jakob Fischer, James Grieve, Kaiser Wilhelm, Ontario, Prinz Albrecht von Preußen, Roter Eiserapfel, Weißer Klarapfel.

Neben diesen haben regionale Sorten im Osten Deutschlands längst keine so wichtige Rolle gespielt wie etwa im Norden Deutschlands, in Hessen oder in Baden-Württemberg. Manche der einstigen Lokalsorten haben es geschafft, aus der Regionalität heraus den Sprung in eine überregionale Verbreitung zu erreichen, wie Gelber Richard, Pommerscher Krummstiel, Apfel aus Lunow, Schöner von Nordhausen u.a.

Manche Sorten sind auch in ihrer Herkunftsregion steckengeblieben wie der »Sohn« des Gelben Richard, Fürst Blücher, der geschmacklich durchaus auch interessant ist; sein unscheinbares raues, gelblich-graues Äußeres hat wohl einer weiteren Verbreitung im Wege gestanden. Weitere interessante Lokalsorten aus Mecklenburg-Vorpommern sind der rote Mecklenburger Kantapfel, die rauschalige würzige Doberaner Renette und der Langsüße oder Süße Prinz, dessen Frucht durch seine zylindrische Form auffällt, die manchmal sogar fast in eine Birnenform übergeht – ein schöner roter Apfel, der fast keine Säure zu besitzen scheint.

Aus Sachsen-Anhalt stammen die leckere aromatische Altmärker

Altmärker Goldrenette

Gubener Warraschke

Goldrenette und der markante, leicht bittermandelartig gewürzte Nathusius Taubenapfel. Der ebenfalls dort verbreitete Hasenkopf ist eigentlich keine Lokalsorte, sondern identisch mit dem schon vor 1800 bekannten (Echten) Prinzenapfel. Verwandt damit ist ein roter Typ des Hasenkopfs, der meist unter dem Namen Berliner Schafsnase auftritt. Aus dem alten Obstbaugebiet im östlichen Brandenburg um Guben an der Neiße stammt der schon seit 200 Jahren bekannte Gubener Warraschke, der ein guter winterlicher Tafelapfel ist, aus dem aber in der Spreewaldregion vor allem ein richtig leckerer Apfelwein hergestellt wird.

Aus Sachsen stammt der überregional verbreitete Schöner aus Herrnhut, aber auch regionale Leckereien wie der Lausitzer Nelkenapfel und die Oberlausitzer Muskatrenette. Viele einst im Südosten Deutschlands verbreitete alte Sorten werden derzeit auf dem großen Gelände des Fürst-Pückler-Parks in Bad Muskau neu angesiedelt.

Auch in Thüringen kümmern sich Pomologen neuerdings um Wiederauffinden und Wiederansiedeln von hier entstandenen alten pomologischen Sorten wie Fromms Goldrenette, Göhrings Renette oder den gerade wiederentdeckten Ruhm von Thüringen.

Eine besondere Rolle spielen im Osten Deutschlands die so genannten »DDR-Sorten«. Diese Bezeichnung ist etwas unscharf; sie umfasst sowohl Sorten, die zu DDR-Zeiten in Ostdeutschland gezüchtet worden sind, wie auch Sorten, die schon vor dem Zweiten Weltkrieg in den ostdeutschen Obstbauinstituten an den Standorten Müncheberg und Dresden-Pillnitz entstanden sind. Manchmal werden sogar weitere Sorten dazu gezählt, die in der DDR einst beliebt und verbreitet waren, wie der Schweizer Orangenapfel, eine Kreuzung aus Cox Orange und Ontario aus dem schweizerischen Obstbauinstitut Wädenswil.

Schwerpunkt der Obstsortenzucht in Ostdeutschland war zunächst das 1928 von Prof. Erwin Baur in Müncheberg / Mark gegründete Kaiser-Wilhelm-Institut für Züchtungsforschung. Nach dem Zweiten Weltkrieg dienten hier vor allem folgende Sorten als Ausgangsmaterial und Vergleichssorten: Cox Orange, Geheimrat Dr. Oldenburg, Goldparmäne, James Grieve, Jonathan, Landsberger Renette, Ontario und Weißer Klarapfel.

Im Laufe der Zeit entstanden eine Reihe von interessanten Neuzüchtungen, die alsbald in das Anbausortiment der DDR aufgenommen wurden. Einige von ihnen erfreuen sich bis heute in Ostdeutschland einer berechtigten Beliebtheit und sollten unbedingt für die Zukunft erhalten werden. Wenn die Pomologie nicht zu einer musealen Einrichtung werden soll, muss sie mit der Zeit fortschreiten und sich auch um die Erhaltung der wertvollen Sorten aus diesem Segment kümmern.

Die wichtigsten sind:

[**Name**, Jahr, (Elternsorten), Genussreife, Kurzcharakteristik]

Alkmene, 1965, (Oldenburg x Cox Orange), September–November, aromatischer Tafelapfel, unproblematisch im Anbau

Apollo, 1976, (Cox Orange x Oldenburg), September/Oktober, robust, Blüte frostempfindlich, harmonisch süßsauer

Auralia, 1965, (Cox Orange x Nordhausen), November–Februar, robust, feinsäuerlich

Carola, 1965, (Cox Orange x unbekannt), September–Dezember, edler Tafelapfel, etwas empfindlich im Anbau

Clivia, 1965, (Cox Orange x unbekannt), November–März fest, saftig, aromatisch

Elektra, 1965, (Cox Orange x Oldenburg), November–Februar, süß-aromatisch, Baum krebsanfällig
Erwin Baur, 1955, (Oldenburg x unbekannt), Dezember–März, robust, saftig, süßsauer
Helios, 1969, (Oldenburg x unbekannt), August/September, gelb, leicht säuerlich
Herma, 1965, (Jonathan x unbekannt), Dezember–März, robust, fest, saftig, angenehm süßsäuerlich
Undine, 1965, (Jonathan x unbekannt), November–Februar, robust, saftig, angenehm süß mit leichter Säure

Da bei den Züchtungen von geschmacklich interessanten Elternsorten ausgegangen worden ist, haben auch die »Kinder« vielfach einen guten, aromatischen Geschmack geerbt. Apollo, Auralia, Erwin Baur, Undine und eingeschränkt auch Alkmene, Carola und Herma können mit ihrem starken bzw. mittelstarken Wuchs auch auf Streuobstwiesen gepflanzt werden. Auf nicht so starkwüchsige Unterlagen veredelt, können sie aber auch wie Clivia und Elektra in Hausgärten angebaut werden.

Die **ZENTRALREGION** in der Mitte Deutschlands umfasst das südliche Niedersachsen, Ostwestfalen, Hessen, Franken, Bayern und Württemberg. Die Eignung für Obstbau hängt hier im Wesentlichen von der Mittelgebirgslandschaft mit ihren Tallagen und Höhen ab. Es herrscht ein ausgeglichenes, mild kontinentales Klima, das in den Höhen der Mittelgebirge aber zu rau für Obstbau wird. Die zentrale Mitte Deutschlands hat für die Entstehung und Verbreitung unserer Apfelvielfalt große Bedeutung. Wichtige Pomologen waren hier zu Hause, und auch im heutigen Pomologen-Verein finden hier viele Aktivitäten statt. Der Bielefelder Pomologe Hans-Joachim Bannier hat in mehreren Publikationen die Sortenvielfalt Westfalens, des Rheinlands und Südniedersachsens dargestellt (s. Literaturverzeichnis). Hessische Apfelfreunde sind in der Rhöner Ap-

»Apfel des Jahres« in Hessen

Heuchelheimer Schneeapfel (2003), Körler Edelapfel (2004), Ditzels Rosenapfel (2005), Gacksapfel (2006), Kloppenheimer Streifling (2007), Ausbacher Roter (2008), Dorheimer Streifling (2009), Gestreifter Matapfel (2010), Metzrenette (2011), Spitzrabau (2012), Siebenschläfer (2013), Vaterapfel (2014), Anhalter (2015).

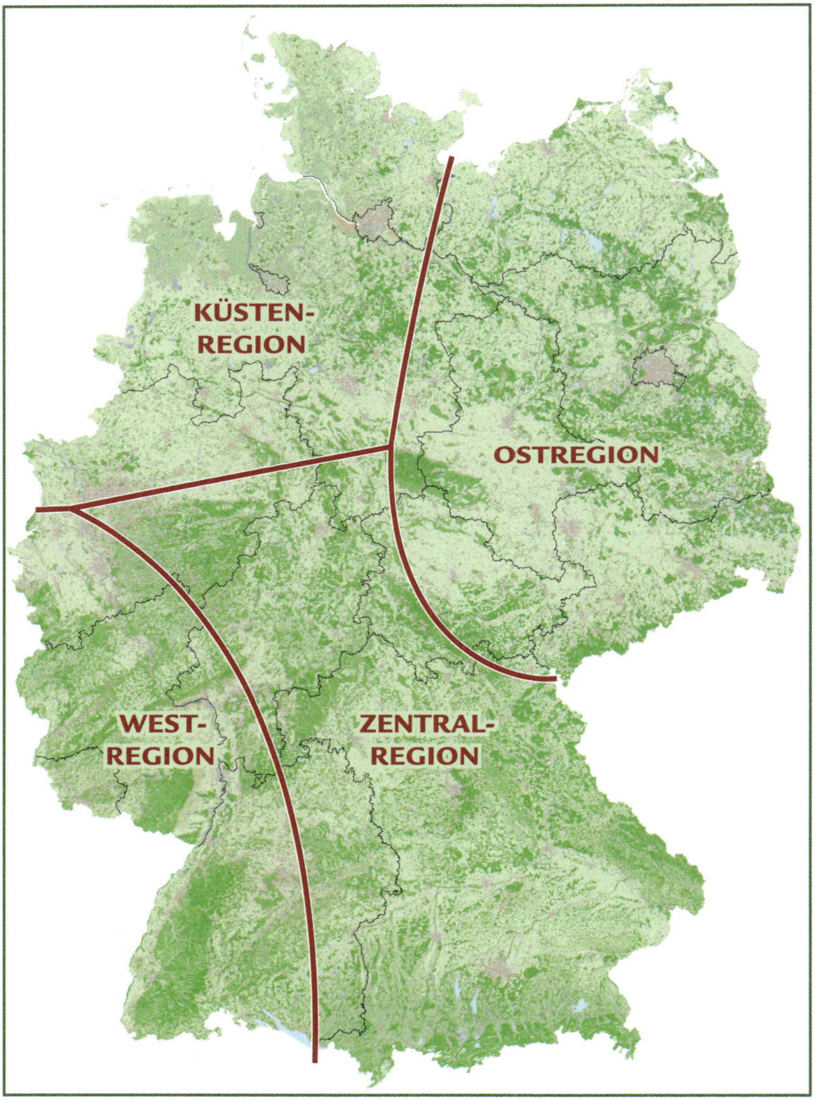

felinitiative und in ihrer Landesgruppe im Pomologen-Verein sehr aktiv und rufen jährlich einen hessischen »Apfel des Jahres« aus, der auf ihren Internetseiten ausführlich vorgestellt wird.

Viel verbreitet und in den spezialisierten Baumschulen angeboten werden Allington Pepping, Ananas-Renette, Baumanns Renette, Berlepsch,

Biestefeld-Renette, Boskoop, Krügers Dickstiel, Cox Orange, Danziger Kantapfel, Dülmener Rosenapfel, Gelber Bellefleur, Gelber Edelapfel, Goldparmäne, Gravensteiner, Harberts Renette, Jakob Fischer, Jakob Lebel, James Grieve, Kardinal Bea, Landsberger Renette, Luxemburger Renette, Prinz Albrecht, Purpurroter Cousinot, Rheinischer Bohnapfel, Roter Bellefleur, Rote Sternrenette, Schöner aus Herrnhut, Schöner von Nordhausen, Weißer Klarapfel, Weißer Winterglockenapfel.

Ob eine dieser Sorten nun für einen konkret in Augenschein genommenen Standort wirklich geeignet ist, muss vor Ort herausgefunden werden. Begrenzende Faktoren für die Anpflanzung einer Sorte können die Temperatur- und die Niederschlagsverhältnisse dort sein - unten in einem Flusstal können ganz andere Bedingungen herrschen als an den Hängen darüber. Wärmeliebende Sorten werden in höheren Hanglagen nicht ausreifen; Sorten, die aus einem kühlen Seeklima stammen, werden vielleicht in warmen Tallagen zu schnell reif, mehlig, verlieren ihr Aroma oder werden von Mehltau heimgesucht. Sorten mit geringer Frosthärte im Holz können in kalten Wintern in den Höhenlagen erfrieren. Sorten, die aus regenreichen Regionen stammen, werden ihre Früchte bei zu geringen Niederschlägen nicht ausbilden und vorzeitig abwerfen.

Wenn die Bedingungen rau werden und viele überregionale Sorten nicht mehr in Frage kommen, schlägt oft die Stunde der »Lokalmatadore«, denn auch solche Regionen hat die Natur zumeist mit Sorten bedacht, die mit den harten Bedingungen zu Rande kommen. Meist sind es lokale Sämlinge, die vor Ort entstanden und an die vorhandenen Boden- und Klimabedingungen gut angepasst sind. Solche Sämlinge sind hart im Nehmen und wachsen auch noch dort, wo Standardsorten aus dem Baumarkt keine Chance hätten. Wenn man Glück hat, findet man solche Sorten in einer spezialisierten Baumschule in der Region, eine Nachfrage beim Regionalvertreter des Pomologen-Vereins kann vielleicht weiterhelfen.

Manchmal spielen auch Faktoren eine Rolle, die selbst für Ortsansässige nicht ohne weiteres erklärbar sind. Warum z.B. wird die Goldparmäne, die bei mir und auch sonstwo im Anbau kaum Schwierigkeiten macht, im Lipperland immer so heftig vom Baumkrebs befallen, dass jedermann dort von einer Anpflanzung dieser Sorte abrät? Man sollte auf solche Warnungen hören, sie beruhen auf Erfahrungen. Man sollte vor Anpflanzung von Obstbäumen in einer unvertrauten Gegend Obst- und Gartenbesitzer, Gärtner und Baumschuler nach ihren Erfahrungen mit bestimmten Sorten befragen, wenn man sich das Zahlen von unnötigem Lehrgeld ersparen will. Im Lipperland wird einem dann in dem oben aufgeführten Fall geraten, doch lieber die Lokalsorte Tannenkrüger zu

pflanzen, offenbar ein Sämling der Goldparmäne mit ähnlichem Geschmack, aber ohne die Empfindlichkeiten der Muttersorte.

Im Südwesten dieser Zentralregion spielt traditionell die Herstellung von Apfelwein eine große Rolle. Für diese Art von Obstverarbeitung sind viele gängige Tafeläpfel reichlich ungeeignet, weil zu lieblich und zu süß. Seit Jahrhunderten haben sich hier aber Keltersorten herausgebildet, die für den Rohgenuss ungeeignet sind - zu viele Gerbstoffe, zu viel Säure - , aber gute Rohstoffe für die Apfelweinbereitung darstellen.

In den Baumschulen der Region werden u.a. folgende gute Keltersorten angeboten: Brettacher, Bittenfelder, Bohnapfel, Börtlinger Weinapfel, Erbachhofer Mostapfel, Hauxapfel, Heslacher Gereutapfel, Leupoldsdorfer, Linsenhofer Sämling, Lohrer Rambur, Öhringer Blutstreifling, Pfaffenhofer Schmelzling, Roter Trierer Weinapfel, Sonnenwirtsapfel, Thurgauer Weinapfel.

Die **WESTREGION** umfasst Baden, Pfalz, Südhessen und das Rheinland und hat Weinbauklima im Südwesten und mildes, warmes Klima bis ins nördliche Rheintal (Bodenseegebiet, oberrheinische Tiefebene, westliches Maintal, Pfalz bis rheinabwärts Richtung Niederrhein). Dies ist zweifellos die wärmste Region Deutschlands. Hier beginnt der Frühling am frühesten, hier messen wir die höchsten Temperaturen, hier wächst der Großteil des deutschen Weins. Das dazugehörige Weinbauklima ist einigen unserer Apfelsorten schon zu heiß, vor allem unsere norddeutschen Seeklima-Sorten fühlen sich hier nicht mehr wohl und reagieren mit Mehltau und anderen Kalamitäten; die Früchte sind nur noch süß und prägen ihr Aroma nicht mehr aus. Andere wärmeliebende Sorten – vor allem solche, die aus Frankreich stammen – können sich nur hier optimal entwickeln. In den zur Region gehörigen Mittelgebirgen sieht es natürlich anders aus. Hier greift man auf Sorten der Zentral- und sogar der Küstenregion zurück, die in den Höhenlagen ähnliche Bedingungen vorfinden wie in ihren Heimatregionen. Auch die oben aufgeführten Kelteräpfel sind hier vor allem in den Mittelgebirgslagen vertreten.

An wärmeliebenden Sorten empfehlen sich Champagner-Renette, Goldparmäne, Jakob Fischer, Josef Musch, Roter Bellefleur, Taffetapfel, Weißer Winterkalvill, Zabergäu-Renette.

In Baden-Württemberg kümmern sich neben dem Pomologen-Verein vor allem zahlreiche lokale (Obst- und) Gartenbauvereine um die alten Sorten, im äußersten Südwesten ist auch die schweizerische Organisation ProSpecieRara aktiv. Weiter nördlich trifft man auf den rührigen Arbeitskreis Historische Obstsorten der Pfalz-Elsass-Kurpfalz.

Der Arbeitskreis wurde als lockerer Zusammenschluss von Obst-Liebhabern, Freizeitgärtnern und Obst-Anbauern, Mitgliedern von Umweltverbänden, Obstbauvereinen, Streuobstinitiativen und des Pomologen-Vereins, Baumschulern und Vertretern von Fachbehörden im Herbst 1997 ins Leben gerufen. Zur Erhaltung und Vermehrung alter Obstsorten in Zusammenarbeit mit Baumschulen und Fachbehörden ist er aktiv bei Obstsortenbestimmungen, Anlage regionaler Sortengärten, Sortenempfehlungen, Ermittlung von Bezugsquellen, Erforschung der Agrar- und Kulturgeschichte des Obstbaus in der Pfalz und der alten pfälzischen Obstsorten, Förderung des Liebhaber- und Streuobstbaus und der Vermarktung alter Sorten, Sortenbestimmungs- und Baumschnitt-Seminare. Außerdem ruft er jährlich eine Pfälzer Obstsorte des Jahres aus.

Apfelsorten unter den Pfälzer »Obstsorten des Jahres«

Heimeldinger Apfel (2000), Herrgottsapfel (2004), Grasblümchen-Apfel (2006), Freinsheimer Taffetapfel (2009), Weinröschen-Apfel (2010), Weinling-Apfel (2011), Roter Augustiner Apfel (2014).
Auf der Internet-Seite des Pomologen-Vereins finden sich bei der Landesgruppe Rheinland-Pfalz-Luxemburg Beschreibungen und Abbildungen dieser Sorten.

Blüte in der Appelwisch »Auf der Heide« in Hamburg-Sasel

Wo man heute alte Apfelsorten findet

Obstsortenmuseen, Sortenerhaltungsgärten, interessante Obstanlagen

Im Folgenden haben wir eine Anzahl von Projekten zusammengestellt, in denen man alte Apfelsorten anschauen kann. Manche haben schon – zumindest in ihrer Region – eine gewisse Strahl- und Anziehungskraft entwickelt, andere liegen (noch) relativ unentdeckt und versteckt in zum Teil recht abgelegenen Gegenden unseres Landes. Aber gerade hier können sie oft ihre Reize entfalten und ihre Schätze ausbreiten und darstellen. Es lohnt sich also, einmal genauer hinzuschauen. Nicht alles ist immer frei zugänglich, wir nennen aber in solchen Fällen Kontaktpersonen bzw. -adressen, die weiterhelfen können. (Abfolge nach Postleitzahlen)

Fürst-Pückler-Park, Bad Muskau

Streuobstwiese in der Elbtalaue bei Strehla

01616 Strehla: Streuobstwiese in der Elbtalaue

Am von Görlitz kommenden und nach Thüringen weiterführenden Jakobsweg liegt eine 7,5 ha große, schon seit Jahrhunderten bezeugte Streuobstwiese zu Füßen des Schlosses Strehla in der Elbtalaue. Informationen und Kontakt: Freundeskreis Streuobstwiese Schloss Strehla e.V., Jörg Wagner, Bahnhofstr. 26, 01616 Strehla, www.streuobstfreunde-strehla.de, Mail: kontakt@streuobstfreunde-strehla.de

02953 Bad Muskau: Fürst-Pückler-Park

Im Herzen der Lausitz beiderseits der deutsch-polnischen Grenze liegt der mehr als 830 ha umfassende, aus dem frühen 19. Jahrhundert stammende Landschaftspark, den man zu Fuß, per Fahrrad oder per Kutsche erkunden kann. Ein UNESCO-Weltkulturerbe mit zahlreichen Anpflanzungen alter

Obstbäume, neuerdings vom Pomologen-Verein Sachsen durch Jungbäume seltener alter Sorten aus der Region ergänzt.
Informationen: Stiftung »Fürst-Pückler-Park Bad Muskau«, Tourismuszentrum Muskauer Park, Neues Schloss, 02953 Bad Muskau, www.muskauer-park.de, Mail: info@muskauer-park.de

03173 Guben / Gubin: traditionelles Obstanbaugebiet
Stadt mit alter Obst- und früher Weinbautradition, die jährlich ein »Appelfest« mit Wahl einer Apfelkönigin veranstaltet. Aus dem »Gubener Warraschke« stellt die Spreewaldkelterei einen vorzüglichen Apfelwein her (es lebe die Winzer-Tradition!).
Das traditionelle Obstanbaugebiet liegt vor allem nördlich der polnischen Schwesterstadt Gubin und ist bislang noch nicht touristisch erschlossen.
Informationen: Touristinformation, Frankfurter Str. 21, 03172 Guben, Mail: ti-guben@t-online.de und Verein Pro Guben e.V., Gasstraße 8, 03172 Guben, Mail: proguben@online.de

04040 Bad Liebenwerda: Pomologischer Schau- und Lehrgarten Döllingen, Niederlausitz / Südbrandenburg
Auf dem 3 ha großen Gelände wachsen seit dem Jahr 2000 mehr als 400 verschiedene Obstsorten, werden Kurse, Ausstellungen und Apfeltage veranstaltet. Der Garten ist vormittags und nach Absprache geöffnet.
Informationen und Kontakt: Kerngehäuse e.V. c/o Naturparkhaus, Markt 20, 04924 Bad Liebenwerda, Ansprechpartner: Andrea Opitz, Mail: Andrea.Opitz@LUGV.brandenburg.de

Pomologischer Schau- und Lehrgarten Döllingen

Fürstlicher Obstmustergarten Köthen

06366 Köthen: Fürstlicher Obstmustergarten / Sachsen-Anhalt
Die Anhaltische Staatsregierung ließ 1902 den Fürstlichen Obstmustergarten Cöthen von Garteninspektor August Hoof als genetische Schatzkammer Anhalts anlegen. Hier wuchsen über 200 Apfel-, 176 Birnen-, 54 Pflaumen- und Zwetschensorten sowie 46 Kirschsorten (PV). Seit 2006 rekonstruiert die Regionalgruppe des Pomologen-Vereins in Köthen diese Anlage in der Fasanerieallee.
Kontakt: Pomologen-Verein Regionalgruppe Anhalt,
Manfred Ruppert, Pappelweg 6, 06366 Köthen, Tel. 03496/557312,
Mail: omg-koethen@pomologen-verein.de

17033 Burg Stargard: Streuobstwiese / Neubrandenburg
Die Streuobstwiese an den Hängen unterhalb der malerischen alten Höhen-Burg Stargard bei Neubrandenburg ist eine sehr große und schön anzuschauende Hangwiese.
Informationen: www.burg-stargard.de

21224 Rosengarten-Ehestorf, Freilichtmuseum am Kiekeberg: Landwirtschaftlicher Entdeckergarten
Gegenüber dem Eingangsbereich des Museums erstreckt sich über 5 ha der Landwirtschaftliche Entdeckergarten mit mehr als 300 jungen Obstbäumen in alten regionalen Sorten. Die Bäume sind mit Namensschildern ausgezeichnet, Lehrpfade informieren über die Geschichte des Obstbaus.

Die frei zugängliche Fläche dient auch als Besucherparkplatz und Weide für museumseigene Schafe. Informationen: www.kiekeberg-museum.de

21717 Helmste: Boomgarden-Park

Unsere eigene, in 30 Jahren zusammengetragene Sammlung von etwa 300 norddeutschen Obstsorten auf Hoch- und Halbstämmen, in Helmste (Kreis Stade) an der L 124 wird vom Pomologen-Verein und dem BUND, Kreisgruppe Stade, sowie der Bingo Umweltstiftung Niedersachsen unterstützt.

Die Sammlung ist derzeit nur zu den offiziellen Führungsterminen zu besichtigen.

Nächster Ausbauschritt des Projekts ist ein eigenes Versammlungs- und Wirtschaftsgebäude, in dem Vorträge, Ausstellungen und Kurse stattfinden könnten, möglichst mit einer großen Küche samt Vorratsräumen, wo ein Teil des anfallenden Obstes vor Ort gelagert und verarbeitet werden könnte. Das kann nur mit Hilfe von Sponsoren und Mäzenen realisiert werden.

Das Projekt Boomgarden-Park kann durch Baumpatenschaften à 150 Euro unterstützt werden, von denen bereits über 150 gezeichnet wurden. Hierbei darf der Pate sich aus dem Sortiment des Parks einen Patenbaum aussuchen, dessen Erhalt und Pflege er damit für zehn Jahre sichert. Ansprüche auf die Früchte hat er nicht, wird aber auf einem Schild an seinem Baum als Pate ausgezeichnet, jährlich zu einem Boomgarden-Park-Tag eingeladen und in Newslettern über den Fortgang des Projekts informiert. Informationen und Kontakt: Mail: info@boomgarden.de bzw. www.boomgarden.de und www.boomgardenpark.de

22393 Hamburg-Sasel, Auf der Heide: Streuobstwiese Appelwisch

Mitten im bebauten Wohngebiet in den Hamburger Walddörfern liegt diese 2,5 ha große, mit mehr als 120 alten und 80 jungen Obstbäumen in 100 Sorten bepflanzte Wiese (die ältesten stammen von 1937). Elke und Dieter Nitz haben die in den 1980er-Jahren schon stark von anderen Bäumen überwucherten alten Bestände nach und nach wieder freigelegt und bis in die Gegenwart erhalten. 2000 hat der BUND Hamburg die Schirmherrschaft übernommen. Angeboten werden Führungen und Kurse in der reichhaltigen Flora und Fauna und weitere Veranstaltungen.
(Foto S. 98/99)
Informationen: www.appelwisch.de sowie www.bund-hamburg.de

24966 Sörup: Pomarium Anglicum, Angeln / Schleswig-Holstein
Obstmuseum mit einzelnen Themengärten wie Barockgarten, Klostergarten etc. (z.T. noch im Aufbau). Waldweg 2, Ortsteil Winderatt, 24966 Sörup. Öffnungszeiten erfragen. Informationen und Kontakt: Tel. 04635/2745, Mail: info@pomarium-anglicum.de

25289 Haseldorfer Marsch: Obstsortengarten
2 ha Obstwiese mit 500 Apfel-, Pflaumen-, Birnen- und Kirschbäumen alter Sorten. Mengenbegrenzung pro Person: 10 kg. Jederzeit frei zugänglich. Parkplatz Haseldorfer Hafen, Fußweg 700 m.
Betreuung und Information: Elbmarschenhaus, Tel. 04129/955490, Lagekarte auf www.mundraub.org

27625 Emden: Pomarium frisiae im Ökowerk
Eine große, rund 600 Sorten umfassende Apfelsammlung auf Hoch- und Niedrigstämmen. Führungen, Kurse, Ausstellungen. Öffnungszeiten beachten. Informationen: Emder Bürgerstiftung Regionales Umweltzentrum Ökowerk Emden, Kaierweg 40a, 26725 Emden,
Mail: info@oekowerk-emden.de, www.oekowerk-emden.de

Pomarium frisiae im Ökowerk Emden

Amt Neuhaus, Alte Kreisstraße bei Bitter

29416 Hitzacker: Obstbaumalleen im rechtselbischen Amt Neuhaus
Besonders schön sind die etwa 60 km Obstbaumalleen mit altem und neuem Obstbaumbestand im Amt Neuhaus im Frühling zur Obstblüte, vom Fahrrad aus.
Karte der Obstbaumalleen (nach Obstsorten geordnet) unter www.amt-neuhaus.de oder bei der Biosphärenreservatsverwaltung Niedersächsische Elbtalaue, Am Markt 1, 29456 Hitzacker (Elbe), www.elbtalaue.niedersachsen.de

29460 Schneverdingen: Wildapfelfläche in der Revierförsterei Heimbuch
Die Wildapfelfläche im Heidekreis (Soltau-Fallingbostel) soll mit der Zeit zu einem Streuobst-Erlebnis-Wald ausgebaut werden. 1992 wurden hier auf einer Fläche von 2 Hektar aus Kernen gezogene Wildäpfel von 49 verschiedenen deutschen Herkünften aufgepflanzt, um ihre Fruchtentwicklung zu beobachten und Vermehrungsmaterial für Anpflanzung der seltenen heimischen Wildäpfel zu gewinnen. Die Fläche ist frei zugänglich.
Information und Kontakt: Knut Sierk, Leiter des Waldpädagogikzentrums Lüneburger Heide (WPZ), Walderlebnis Ehrhorn, Ehrhorn 1, 29640 Schneverdingen, Tel. 05198/9811052, Mail: knut.sierk@nfa-sellhorn.niedersachsen.de

Kaltblutpferde bei der Grasmahd auf Streuobstwiesen in Lemgo

31832 Springe/Deister: ApfelBaumMuseum
Der Schmiedekünstler Andreas Rimkus und der NABU Springe haben im niedersächsischen Springe (bei Hameln) das ApfelBaumMuseum errichtet, in dem auf einer neu angelegten Streuobstwiese mit 100 alten Apfelsorten die Vielfalt der Obstsorten und das Kulturgut der Schmiedekunst erhalten und präsentiert werden sollen.
Informationen: www.apfelbaummuseum.de

32657 Lemgo: Streuobstwiese Am Lindenhaus
Mitten in der Stadt Lemgo betreut die BUND-Ortsgruppe Lemgo die schöne alte Streuobstwiese Am Lindenhaus, die mit Infotafeln zu den alten Sorten und zum Thema Streuobst ausgestattet ist.
Hier ist auch die umfangreiche Obstsortendatenbank mit über 3500 alten Obstsorten entstanden. Ein weiterer Schwerpunkt ist das Thema Apfel-Allergien, zu dem hier seit 2007 Daten gesammelt und Projekte und Forschungen angeschoben werden.
Darüber und über viele weitere Aktivitäten dieser engagierten Gruppe informiert www.bund-lemgo.de

Arboretum Olderdissen

33619 Bielefeld: Obstsorten-Arboretum Olderdissen / Teutoburger Wald
Der Pomologe Hans-Joachim Bannier erhält in seinem 2 ha großen Obstsortengarten bei Bielefeld u.a. 350 verschiedene Apfelsorten. Zugang nur im Rahmen von Führungen.
Informationen und Kontakt: Hans-Joachim Bannier, Dornberger Str. 197, 33619 Bielefeld, Tel. 0521/1212635, Mail: alte-apfelsorten@web.de

34260 Kaufungen: Obstmanufaktur Niederkaufungen / Nordhessen
Führungen, Kurse, Seminare rund um das Thema Erhaltung und Pflege historischer und bewährter Obstsorten. Informationen: Verein für Ökologie, Gesundheit und Bildung e.V., Wilhelmstr. 7, 34260 Kaufungen,
Mail: epost@obstmanufaktur.com, www.obstmanufaktur.com

35035 Marburg-Michelbach: Hessenwiese
Am nordwestlichen Rand des Marburger Stadtteils Michelbach - Zugang von Zum Kalkberg - hat Dr. Norbert Clement seit 1996 eine große Streuobstwiese mit hessischen Lokalsorten angelegt, die auf dem Gelände nach ihren Herkunftsorten wie auf einer Landkarte Hessens verteilt sind. Auch Lokalsorten aus den Grenzgebieten der benachbarten Bundesländer finden sich hier. Sie stehen jenseits einer niedrigen Hecke, die die Landesgrenzen Hessens markiert. Auf den Satellitenaufnahmen von Google Maps kann man diese Streuobstwiese gut erkennen.

Hessenwiese Marburg

Kontakt: Dr. Norbert Clement, 35035 Marburg, Tel. 06421/4056304 (tagsüber), 06421/31769 (abends),
Mail: clementn@marburg-biedenkopf.de

35035 Marburg-Ockershausen: Apfellehrpfad im Heiligen Grund

Im Marburger »Heiligen Grund« hat Dr. Norbert Clement in den letzten 20 Jahren alle 108 in der berühmten »Pomologen-Bibel« »Deutschlands Obstsorten« (1904–1934) beschriebenen Obstsorten entlang eines Wanderpfades durch den romantischen »Heiligen Grund« neu aufgepflanzt. Die Sammlung ist fast vollständig und zeigt neben den Hauptsorten auch ähnliche, sog. »Verwechslersorten«.

Kontakt: Dr. Norbert Clement, 35035 Marburg,
Tel. 06421/4056304 (tagsüber), 06421/31769 (abends),
Mail: clementn@marburg-biedenkopf.de

Streuobstprojekt des NABU Münster

36115 Ehrenberg-Seiferts: Rhöner Apfelinitiative
Die Rhöner Apfelinitiative gruppiert sich rund um das Traditions-„Gasthaus zur Krone« in Ehrenberg-Seiferts in der hessischen Rhön, wo es immer tolle Apfelgerichte und -produkte kennenzulernen gibt. Angeschlossen ist eine Schaukelterei.
Infos zu den Aktivitäten der Rhöner Apfelinitiative bei der Geschäftsführerin des Vereins, Astrid Schäfer, Eisenacher Str. 24, 36115 Ehrenberg-Seiferts, Tel. 06657/9142834, Mail: rhoenapfel@controlling-schaefer.de, www.rhoenapfel.de

39517 Buch / Altmark: Straße der alten Obstsorten
Für Fahrradtouristen besonders interessant:
www.route-der-alten-obstsorten-im-wendland.de
Informationen: Zentrum für Ökologie, Natur- und Umweltschutz (ZÖNU) e.V., Querstr. 22, 39517 Buch, Tel. 039362/81673,
Mail: zoenu@elbetourist.de, www.elbetourist.de

48145 Münster: Streuobstprojekt des NABU Münster
Der Naturschutzbund (NABU) Münster betreut seit Jahren in und um Münster eine ganze Reihe von Streuobstwiesen und bietet deren Früchte von etwa Juli bis April (je nach Menge der erntbaren Früchte) mittwochs und sonnabends auf dem Wochenmarkt auf dem Domplatz in Münster zum Verkauf an. Kontakt: Karin Rietman, Tel. 0175/9593314
Informationen: www.nabu-muenster.de, Mail: streuobst@muenster.de

48565 Steinfurt: Kreislehrgarten Burgsteinfurt / Westfalen
Bereits 1914 gegründet, zeigt der Kreislehrgarten Burgsteinfurt auf 30.000 qm Muster-, Bauern- und Kräutergärten und auch einen schönen Obstgarten mit unterschiedlichen Baumformen und etwa 300 verschiedenen alten und neuen Obstsorten. Öffnungszeiten beachten.
Informationen: www.www.kreislehrgarten-steinfurt.de (mit Karte zum Herunterladen)

60389 Frankfurt: MainÄppelHaus Lohrberg
Das gemeinnützige Streuobstzentrum auf dem Frankfurter Hausberg mit Naturerlebnisgarten und einem Hofladen bietet vielerlei Veranstaltungen an.
Kontakt: MainÄppelHaus Lohrberg Streuobstzentrum e.V.,
Klingenweg 90, 60389 Frankfurt a.M. / Seckbach, Tel. 069/479994,
Mail: info@MainAeppelHausLohrberg.de

91728 Gnotzheim/Altmühltal: Obstarche Spielberg / Mittelfranken
2,5 ha große Obstwiese, ab 2008 neu angelegt mit über 100 in der Region verbreiteten alten Obstsorten, frei zugänglich und beschildert.
Informationen: Spielberg 1, 91728 Gnotzheim im Naturpark Altmühltal,
Mail: info@obstarche.de, www.obstarche.de

97650 Fladungen-Hausen: Obstlehrpfad bayrische Rhön
mit angeschlossenem Sortenerhaltungsgarten mit z.T. seltenen alten Sorten, frei zugänglich. Informationen und Gruppenführungen:
Gemeinde Hausen, Tel. 09778/9191-0 www.hausen.rhoen-saale.net
oder Adam Zentgraf, Tel. 09778/1479, Mail: adamzentgraf@gmx.de

99762 Neustadt/Südharz: Obsthof Ulm
Gerd Ulm betreut und bewirtschaftet mehrere große alte Streuobstwiesen am schönen Südharz nördlich des thüringischen Nordhausen. Projekte mit Kindern, Führungen, Angebot der dort geernteten Früchte.
Kontakt: Gerd Ulm, Burgstr. 23, 99762 Neustadt/Südharz,
Mail: gerd.ulm@gmx.de

Alte Hochstamm-Obstbäume, betreut vom Obsthof Ulm im Südharz (Thüringen)

99869 Cobstädt: Thüringer Obstraritätenpfad Gotha – Weimar
Erstes Ziel: 1000 seltene, vom Aussterben bedrohte Obstsorten entlang des Jakobswegs von Weimar nach Gotha mit Hilfe von Baumpatenschaften anzupflanzen, um den Pilgerpfad und damit die Region Mittelthüringen ökologisch aufzuwerten.
Informationen: LebensGut-Cobstädt e.V., Schulplatz 8, 99869 Drei Gleichen OT Cobstädt, Informationen: www.lebensgut-cobstadt.de, Mail: info@lebensgut-cobstaedt.de

Mundraub Community
»Mundraub« interessiert als Internet-Community vor allem jüngere Menschen (»Digital Natives«) für das Thema Obst. Auf ihren Karten findet man frei zugängliches Obst aller Art, das kostenlos von jedermann abgeerntet werden kann. Aber »Mundraub« engagiert sich auch für die Erhaltung und Pflege von bisher vernachlässigten Obstpfaden wie entlang eines Radwegs im niedersächsischen Hasetal oder die »50Hertz-Entdecker Wiese« östlich von Berlin.
Informationen: www.mundraub.org

Arche Noah Schaugarten in Österreich
Seit mehr als 25 Jahren setzen sich Menschen im Verein ARCHE NOAH für den Erhalt und die Entwicklung der Kulturpflanzenvielfalt ein. Er zählt mittlerweile mehr als 13.000 Mitglieder.
Der vereinseigene große Schaugarten Burg Schiltern / Niederösterreich ist jeweils von Anfang April bis in den Oktober hinein für Besucher geöffnet (montags geschlossen).
Informationen: info@arche-noah.at, www.arche-noah.at

Obstgärten von »ProSpecieRara« in der Schweiz
ProSpecieRara ist eine schweizerische Stiftung. Sie wurde 1982 gegründet, um gefährdete Nutztierrassen und Kulturpflanzen vor dem Aussterben zu bewahren. Sie hat heute über 3.000 Mitglieder und Förderer. Angeschlossen sind z.B. auch 25 über das Land verteilte Bauernhöfe, deren Bestände an alten Obstsorten zumeist ganzjährig frei zugänglich sind.
Informationen: www.prospecierara.ch.

Wo bekommt man Früchte und Jungbäume?

Bezugsquellen für alte Apfelsorten

Äpfel alter Sorten sind im Handel schwer zu finden. Discounter, Supermärkte und der Lebensmitteleinzelhandel führen sie in der Regel nicht, weil es keine Erzeuger gibt, die sie regelmäßig beliefern könnten. Das ist kein Zufall, das war vom Handel so gewollt, die alten Sorten sollten vom Markt verschwinden, weil das Hantieren mit zu viel Vielfalt zu viel Arbeit machte. Auf Wochenmärkten findet man am ehesten noch einmal mehr oder minder kurzfristig in der herbstlichen Erntesaison alte Apfelsorten direkt von Erzeugern angeboten, die manchmal auch bereit sind, diese weiterhin im Angebot zu halten, wenn Verbraucher sie nachfragen. Hier hat der Apfelliebhaber doch eine gewisse Macht, das Angebot mitzubestimmen.

Naturschutzverbände wie NABU und BUND haben in den letzten Jahrzehnten viele Streuobstwiesen mit alten Sorten angelegt. Meist wird das dort geerntete Obst zu Apfelsaft verarbeitet. Durch Kontakt zu den Betreibern und Teilnahme an ihren Aktivitäten ist es gelegentlich möglich, an alte Sorten als Tafelobst heranzukommen.

Über Deutschland verteilt gibt es nur wenige Adressen, bei denen man über längere Zeiträume hindurch **alte Apfelsorten erwerben** kann. Hier eine Auswahl, wieder sortiert nach Postleitzahlen:

06369 Porst, Torsten Ruppert,
Tel.03496/217072, aeppelhof.ruppert@web.de
(Marktstände in Köthen /Anhalt)

09355 Gersdorf, Biohof Kretzschmar,
Tel. 0172/7970661, sarahkretzschmar@web.de
(Wochenmärkte in Chemnitz u. Umgebung)

10781 Apfelgalerie Schöneberg,
Caty Schernus, Goltzstraße 3,
10781 Berlin,Tel. 030/44705630, Mail:
info@apfelgalerie.de, www.apfelgalerie.de
(Viele alte und neue Apfelsorten, ganzjährig Obst und Gemüse aus Brandenburg)

Caty Schernus in ihrer Berliner Apfelgalerie

Sortenvielfalt auf dem Marktstand des NABU Münster

16321 Rüdnitz, Olaf Willert, Schäferei und Obstbau, Tel. 0172/8095072 (Marktstände in Berlin)

19055 Schwerin, Hof Medewege, Obstbau, W. D. Kloth, Tel. 0385/4863337 (Hofladen), Demeter-Qualität

21712 Großenwörden, Boomgarden-Projekt, Eckart Brandt, Tel. 04775/538, Mail: info@boomgarden.de (Internetshop: www.boomgardenshop.de), Marktstände auf Apfelmärkten in Norddeutschland, in der Apfelsaison Marktstand vor dem Hamburger »Chilehaus«, ganzjährig auf dem »Schafmarkt« in Buxtehude-Altkloster, Bio-Qualität

24223 Raisdorf bei Kiel, Obstquelle, Obsthof Schuster, Rastorfer Mühle, Tel. 0172/4107975, Mail: doris@obstquelle.de (Hofladen)

26725 Emden, Ökowerk Emden, Kaienweg 40a, Tel. 04921/954023, Mail: info@oekowerk-emden.de

29485 Lemgow / Wendland, Hof Lachapfel, Fam. Michels/Lühmann, Tel. 05883/456, Mail: webmaster@lachapfel.de (Hofladen), Demeter

33039 Nieheim, Raymund Vogedes, Mail: Raymund@Obstsorten-Westfalen-Lippe.de

33615 Bielefeld, Obst-Arboretum H.-J. Bannier, Tel 0521/121635, Mail: alte-apfelsorten@web.de (Verkauf nach Absprache), Bio-Qualität

34260 Kaufungen, Obstmanufaktur, Tel. 05605/800775, Mail: epost@obstmanufaktur.com (Hofladen)

38154 Königslutter, AG Streuobstinitiative ASt e.V. In der Obstsaison Obst von der Streuobstwiese, viele alte Sorten, S. Fortak, Tel. 05365/2430, Mail: fortak@ag-streuobst.de

48145 Münster, NABU Münster, K. Rietman, Tel. 0175/9593314, www.nabu-muenster.de/streuobst-auf-dem-wochenmarkt (in der Apfelsaison Marktstand auf Wochenmarkt Domplatz in Münster)

59427 Unna-Stockum, Stockumer Hofmarkt, Stockumer Dorfstr. 24, Wolfgang Behmenburg, Tel. 0177/7747291, Mail: wsjca.behmenburg@t-online.de (Hofladen), Bio-Qualität

71229 Leonberg, Bernhard Wanzki, Tel. 07152/6852, Mail: b.wanzki58@aol.com (Marktstände)

92536 Pfreimd, H.-M. Pirtsch, Tel. 09606/914263, Mail: hans.pirtsch@gmx.de (Ökokisten)

93087 Alteglofsheim, Alfons Filzer, Tel. 09453/996499 (Hofladen)

93352 Rohr/NB, Bio-Streuobsthof Stöckl, Tel. 08783/679, Mail: bio.stoeckl@gmx.de (Marktstände)

Oftmals stehen noch Obstbäume mit interessanten alten Sorten »herrenlos« an alten (Feld-)Wegen und können dort kostenlos abgeerntet werden. Zu finden sind viele von ihnen unter **www.mundraub.org**

Bei der **Suche nach alten Apfelsorten** weiterhelfen können auch die Regionalvertreter des Vereins, der sich um die Erhaltung der alten Obstsorten kümmert, der Pomologen-Vereis **www.pomologen-verein.de**

Auch **Jungbäume alter Apfelsorten** sind in der Regel nicht im nächsten Gartencenter an der Ecke zu erwerben. Gut sortierte Gärtnereien führen gelegentlich neben modernen Apfelsorten auch ein paar alte oder regionale Sorten, die sie aus größeren spezialisierten Baumschulen bezogen haben. Oft ist es aber mit dem Sachverstand der Verkäufer nicht sehr weit her, und den Interessenten werden hochempfindliche, anspruchsvolle Sorten genauso wie robuste alte Sorten angeboten, ohne den Hinweis, dass erstere

aber als Pflanzenschutz unbedingt vielfache Spritzungen nötig haben, ohne die sie keine manierlichen Früchte produzieren können. Besser ist es, spezialisierte Erzeuger alter Sorten zu kontaktieren, die auch gute Beratung anbieten können.
Allerdings kann man selbst hier nicht immer unbedingt sicher sein, dass man auch wirklich die Sorte erhält, die auf dem Etikett steht. Fehllieferungen im Bereich von 20 Prozent sind durchaus nicht ungewöhnlich.

Eine Auswahl solcher Baumschulen mit alten Sorten:

Deutschland

04626 Schmölln / Thüringen, Jähler Baumschule, Sommeritzer Straße 61, Tel. 0344991/26360, Fax 034491/80467, mail@jaehler.de

04758 Oschatz / Sachsen, Baum- und Rosenschule Müller, Berufsschulstraße 7, Tel. 03435/9761-0, Fax 03435/9761-10, Mail: info@baum-rosenschule-mueller.de

16244 Schorfheide OT Lichterfelde, Baumschule P. Fischer, Messingwerkstraße 17, Tel. 03334/219139, Fax 03334/380420, Mail: info@baumschule-p-fischer.de, www.baumschule-p-fischer.de

16359 Biesenthal, Barnimer Baumschulen Biesenthal, Hoffnungstaler Werkstätten gGmbH, Sydower Feld 1, Tel. 03337/430300, Fax 03337/430302, Mail: a.pachali@lobetal.de, www.barnimer-baumschulen.de

17121 Sassen-Trantow, OT Klein Zetelvitz, Vorpommersche Baumschulen GmbH & Co. KG, Baumschulstraße 21, Tel. 039998/10648, Fax 039998/10628, Mail: info@vorpommersche-baumschulen.de

21712 Großenwörden, Boomgarden-Projekt, Eckart Brandt, Im Moor 1, Tel. 04775/538, Mail: info@boomgarden.de, www.boomgarden.de

25451 Quickborn, Heinrich Semmelhaak Baumschule, Ellerauer Str. 42, Tel 04106/2377, Fax 04106/68599

25488 Holm, Hermann Cordes Baumschulen, Pinneberger Straße 247a, Tel. 04103/93980, Fax 04103/5340, Mail: info@cordes-apfel.de

25560 Warringholz / Dithmarschen, Schwerdtfeger Obstbaumschulen, Ziegeleiweg 1, Tel. 04892/527, Fax 04892/8872, Mail: schwerdtfeger-obst@t-online.de, www.schwerdtfeger-obst.de

25899 Niebüll / Nordfriesland, Johannes Boysen Baumschulen, Peter Schmidts Weg 13, Tel. 04661/3417, Fax 04661/5752, Mail: info@baumschule-boysen.de, www.baumschule-boysen.de

26188 Edewecht-Portsloge, Brüntjen Baumschulen, Gerold Brüntjen, Eschhorn 1, Tel. 04405/5457, Fax 04405/4023, Mail: info@bruentjen-baumschulen.de

27330 Asendorf, Bioland Obstbaumschule & Obstgarten, Dr. Ute Hoffmann-Deterding, Uepser Heide 1, Tel. 04253/800622, Fax 04253/800620, Mail: ute.hoffmann@hoffmann-obstbaumschule.de, www.hoffmann-obstbaumschule.de

27404 Zeven-Badenstedt, Gärtnerhof Badenstedt WfbM, Anerkannte Werkstatt für behinderte Menschen, Tarmstedter Str. 24, Tel. 04281/9371-0, Fax 04281/9371-15, Mail: info@gaertnerhof.geso-hilfen.de, www.gaertnerhof.geso-hilfen.de

32689 Kalletal-Hohenhausen, Baumschule Ralf Eikermann, Selser Str. 2, Tel. 05264/69933, www.buamschule-eikermann.com

32758 Detmold, Markenbaumschule Krämer, Inh. Jörg Müller, Bielefelder Str. 202–206, Tel. 05231/68778, Mail: info@baumschulekraemer.de, www.baumschulekraemer.de

34466 Nothfelden, Baumschule Pflanzlust, c/o Heinrich Niggemeyer, Niederelsungerstr. 23, Tel. 05692/8635, Fax 05692/2088, Mail: pflanzlust@t-online.de

35398 Gießen, Baumschule Rinn, Heuchelheimer Str. 129 und Friedrich-List-Str. 37, Tel. 0641/62850, Fax 0641/67472, Mail: rinnbaumschule@t-online.de, www.rinnbaumschule.de

37115 Duderstadt, Matthias Grünewald, Hilkeröder Str. 66, Tel. 05529/494, Mail: Baumschule-Gruenewald@t-online.de

37194 Wahlsburg-Lippoldsberg, Spiess GmbH, Gartengestaltung und Pflanzenvertrieb, Weidenstraße 22, Tel. 05572/93740, Fax 05572/937422, info@baumschule-spiess.de

44532 Lünen, Giesebrecht Garten & Pflanzen, Im Dorf 23, Tel. 02306/40515, Fax 02306/48639, info@giesebrecht.com, www.giesebrecht.de

49610 Quakenbrück, Baumschulen A. Müller, Inh. Martin Müller, Baumschulenweg 1, Tel. 05431/2331, Mail: Kontakt@amo-baumschulen.de

49685 Höltinghausen, Bioland Baumschule Aloys Pöhler, Flachsmoor 1, Tel. 04473/1335, Fax 04473/6435, Mail: info@bioland-baumschule.de, www.bioland-baumschule.de

69121 Heidelberg, Bioland Baumschule Frank Wetzel, Fennenbergerhöfe 3/1, Tel. 06221/411762, Mail: info@biolandbaumschule.de

66882 Hütschenhausen, Baumschule Ritthaler, Dietschweilerstraße 20, Tel. 06372/5880, Fax 06372/61564, Mail: Info@BaumschuleRitthaler.de, www.baumschuleritthaler.de

67827 Gangloff, Baumschule Volker Fett, Tel. 06364/200, Mail: info@baumschule-fett.de

71642 Ludwigsburg-Poppenweiler, Gartenbaumschule Müller, Steinheimer Str. 70, Tel. 07144/5577, Fax 07144/15870, www.baumschule-mueller.de

72381 Dettingen, Obstbaumschule Reiner Wahl, Huberweg 12, Tel. 07123/72798

73235 Weilheim / Teck, Ulmer Baumschulen, Obere Grabenstraße 34, Tel. 07023/2838, Fax 07023/3967, Mail: mail@ulmer-baumschulen.de, www.ulmer-baumschulen.de

73235 Weilheim / Teck, Baumschule Entenmann, In den Gründen 1, Tel. 07023/3917, Mail: baumschule-entenmann@gmx.de

77799 Ortenberg, Kiefer Obstwelt GmbH, Allmendgrün 20, Tel. 0781/9322500, Mail: info@kiefer-obstwelt.de, www.kiefer-obstwelt.de

79369 Wyhl am Kaiserstuhl, Ganter OHG Markenbaumschule, Baumstr. 2, Tel. 07642/1061, Mail: info@ganter-baden.de

84378 Nöham, Baumgartner Baumschulen, Gerhard Baumgartner, Hauptstraße 2, Tel. 08726/205, Fax 08726/1390, Mail: baumgartner@baumgartner-baumschulen.de

84439 Steinkirchen, Baumschule Brenninger, Hofstarring 2, Tel. 08084/259901, Fax 08084/259909, www.baumschule-brenninger.de

90579 Langenzenn-Stinzendorf, Baumschule Oppel, Werner Oppel, Dillenbergstr. 13, Tel. 09101/2862, Fax 09101/9641, Mail: wop@freenet.de, www.werner-oppel.de

91099 Poxdorf, Baumschule Johannes Schmitt, Hauptstr. 10, Tel. 09133/1049, Fax 09133/2392, www.obstbaumschmitt.de

Österreich

A-3542 Gföhl, Waldviertler Baumschule, Hans Pernerstorfer, Kremserstraße 11, Tel. +43/2716-6456, Mail: baumschule.pernerstorfer@aon.at, www.pernerstorfer.at

A-3972 Bad Großpertholz, Silva Nortica, Waldviertler Bio-Baumschulbetrieb, Inh. Martin Artner, Reichenau am Freiwald 9, Tel. +43/2857-297, Mail: artner@biobaumschule.at, www.artner.biobaumschule.at

A-4081 Hartkirchen, Biogärtnerei und Baumschulen Maximilian Arthofer, Dorf 2, Tel. +43/7273-6166

A-4724 Neukirchen am Walde, Baumschule Raninger, Hofstetten 6, Tel. +43/7278-3097, Mail: flora@speed.at, www.baumschule-raninger.at

A-4751 Dorf an der Pram, Baumschule Ernst Junger, Augendobl 3, Tel. +43/664513-8063, www.baumschulejunger.wordpress.com

A-8312 Ottendorf, Bio-Obstbaumschule Deimel, Ziegenberg 94, Tel. +43/676-7902561, Mail: baumschule.deimel@aon.at

Schweiz

CH-3116 Noflen, Glauser's Bio-Baumschule, Ruedi und Therese Glauser, Limpachmatt 22, Tel. +41/31/7820707, Mail: fam.glauser@bluewin.ch

CH-4457 Diegten, Max Salathé, Baumschule, Tel. +41/61/9712744, Mail: bssalathe@bluewin.ch

CH-5405 Baden-Dättwil, Toni Suter, Baumschule, Im Langacker 21, Tel. +41/56/4931212, Mail: info@tonisuter.ch

CH-5724 Dürrenäsch, Friedrich Walti jun., Obstbaumschule, Staldenstr. 7, Tel. +41/79/4676200

CH-8197 Rafz, Hauenstein AG, Baumschulen, Landstr. 42, Tel. +41/44/879112, Mail: info@hauenstein-rafz.ch

CH-9115 Dicken, Albisbodenhof, Pavel Beco, Albisboden, Tel. +41/71/3771924, Mail: pavel.beco@bluewin.ch, www.albisboden.ch

CH-9604 Lütisburg, Tobias Torri, Bio-Baumschule, Postfach 53, Weidli 1043, Tel. +41/71/9253170, Mail: tobias.torri@bluewin.ch

Italien (Südtirol)

I-39040 Natz-Schabs (BZ), Werners Baumschule & Gärtnerei, Ladestatt 10, Tel. +39/472-412011, www.werners.it

Wer kümmert sich um die alten Apfelsorten?

Vereine, Initiativen, Stiftungen. Eine Auswahl

Überregional tätige Organisationen

Deutschland

Pomologen-Verein e.V., c/o Ulrich Kubina, Husumer Str. 16,
20251 Hamburg, Tel. 040/46063755, Mail: info@pomologen-verein.de
Die über 1.000 Mitglieder verteilen sich auf 14 Landes- und 2 Regionalgruppen.
Die Internetseite www.pomologen-verein.de nennt die regionalen Ansprechpartner und informiert über die Aktivitäten der einzelnen Gruppen.

Bund für Umwelt und Naturschutz (BUND) Bundesgeschäftsstelle,
Am Köllnischen Park 1, 10179 Berlin, Tel. 030/27586-40, www.bund.net
Mit über 500.000 Mitgliedern der größte Naturschutzverband Deutschlands. Viele Kreis- und Ortsgruppen betreuen Streuobstprojekte.

NABU –Naturschutzbund Deutschland e.V., Charitéstraße 3,
10117 Berlin, Tel. 030/284984-0, Mail: NABU@NABU.de
Informationen über die vielen Streuobstprojekte in den einzelnen Regionalgruppen, Herausgabe eines Streuobstbriefs.

Schweiz

ProSpecieRara, Unter Brüglingen 6, CH 4052 Basel,
Tel. +41/61-5459911, Mail: info@prospecierara.ch
ProSpecieRara wurde 1982 als Stiftung in der Schweiz gegründet, seit 2011 ist sie auch (im Südwesten) Deutschlands vertreten, wo sie sich vorerst vornehmlich um den Bereich Nutzpflanzenerhaltung kümmert.
Bei www.prospecierara.ch findet sich unter »Schaunetz« eine Darstellung von 25 Höfen und Sortensammlungen, die mit der Organisation vertraglich verbunden und öffentlich zugänglich sind. In drei weiteren ProSpecieRara-Zentren in Basel, Genf und San Pietro gibt es Tiere alter Rassen und Schaugärten seltener Nutzpflanzen.

Fructus, Geschäftsstelle, Franziska Oertli, c/o Agroscope, Schloss 1 /Postfach, CH-8820 Wädenswil, Tel. +41/76-4667898, Mail: franziska.oertli@fructus.ch, www.fructus.ch
Fructus ist als gemeinnütziger Verein organisiert und wurde 1985 in Zürich als »Gesamtschweizerische Vereinigung zur Förderung einer Genbank alter Obstsorten und Hochstamm-Obstgärten« gegründet. Heute zählt der Verein mehr als 1.100 Mitglieder. 2004 wurden im Rahmen einer großen Inventarisierungskampagne über 2.000 alte, wenig bekannte und gefährdete Obst- und Beerenobstsorten erfasst; die 230 alten Apfelsorten fanden ihren Platz in einem neu angelegten Obstlehrpfad in Höri und werden jetzt in Zusammenarbeit mit der Agroscope in Changins-Wädenswil nach standardisierten Methoden beschrieben und molekularbiologisch untersucht. Neben einer klassischen Beschreibung der Frucht- und Baumeigenschaften wird ein »genetischer Fingerabdruck« erstellt, und es werden Anfälligkeiten bzw. Krankheiten wie Feuerbrand, Schorf und Mehltau untersucht. Als »Highlight« entpuppte sich dabei die vorher fast unbekannte Sorte Alant, die sehr robust gegen Feuerbrand und Schorf ist. Sie wurde zur schweizerischen Sorte des Jahres 2014 ausgerufen. In den nächsten Jahren sollen diese Sorten in eine langfristige Erhaltung in speziellen Sortenerhaltungsgärten über das ganze Land verteilt werden.

Österreich

Arche Noah, Obere Straße 40, A-3553 Schiltern, Tel. +43/2734-8626, Mail: info@arche-noah.at
In Österreich kümmert sich seit 1989 die Arche Noah um die Erfassung und den Erhalt alter Gemüse-, Obst- und Getreidearten. Mehr als 13.000 Mitglieder engagieren sich auf diesem Feld der Erhaltung der Vielfalt und machen die Arche Noah zu eine der großen Erhaltungsorganisation in Europa. Am Sitz des Vereins in Schiltern befindet sich ein großer frei zugänglicher Schaugarten. Die Obstsortensammlung umfasst 365 Sorten. Alles Wissenswerte erfährt man im Internet unter www.arche-noah.at

Regional tätige Organisationen, Verbände, Vereine (alphabetisch aufgef.)

Appelhoff e.V. – Ostrhauderfehn, Johannes Bolland, Kirchstraße 179, 26817 Ostrhauderfehn, Tel. 04952/942906, Mail: info@verein-appelhoff.de, www.verein-appelhoff.de
Informationen auch über www.nabu-emsland-nord.de

Arbeitsgemeinschaft für Naturschutz Tecklenburger Land e.V., Bahnhofstr. 73, 49545 Tecklenburg, Tel. 05482/929290, Mail: naturschutzzentrum@antl-ev.org, www.antl-ev.de

Arbeitsgemeinschaft Streuobst e. V. – ASt, Schriftführer: Eberhard Hieber, Großer Hilligenhof 7, 38154 Königslutter, Mail: info@ag-streuobst.de

Arbeitskreis Alte Obstwiese Kieler Straße Neumünster, c/o Burkhard Roese, von-dem-Hagen-Weg 13, 24536 Neumünster, Tel. 04321/37723, Mail: fam.roese@arcor.de, www.alte-obstwiese.de

Arbeitskreis Historische Obstsorten – Pfalz / Elsaß / Kurpfalz, Rainer Rausch, Bahnhofstr. 13a, 67126 Hochdorf-Assenheim, Tel. 06231/98071, Mail: ainrainer.rauschi@t-online.de (Landesgruppe im Pomologen-Verein, ein lockerer Zusammenschluss von Obst-Liebhabern, Freizeitgärtnern und Obstanbauern, Mitgliedern von Umweltverbänden, Obstbauvereinen und des Pomologen-Vereins, Streuobstinitiativen, Baumschulen und Fachbehördenvertretern)

Biologische Station Ravensberg im Kreis Herford e.V., Am Herrenhaus 27, 32278 Kirchlengern, Tel. 05223/78250, Mail: info@bshf.de

Bio-Streuobstverein Elbtal e.V., Fährstraße 1 OT Pevestorf, Fa. Voelkel GmbH, 29478 Höhbeck, Tel. 05846/9500, Mail: bio-streuobstverein@gmx.de, www.bio-streuobstverein-elbtal.de

Familieninitiative Kunterbunt e.V. Horneburg, Timo Wolfner, Roggenkamp 11, 21640 Horneburg, Tel. 0152/27678348, Mail: Timo.Wolfner@web.de, www.familieninitiative-kunterbunt.de Kümmert sich um Streuobstwiesen in und um Horneburg.

Freundeskreis Streuobstwiese Schloss Strehla e.V., c/o Jörg Wagner, Bahnhofstr. 26, 01616 Strehla, Mail: kontakt@streuobstfreunde-strehla.de

Gesellschaft für Pomologie und Obstsortenerhaltung Bayern, Friedrich Renner, Hauptstraße 56, 91732 Merkendorf, Tel. 09826/1348, www.gpo-bayern.de

Hanse-Apfel-Initiative c/o Heinz Egleder, Vogteistraße 38, 23570 Lübeck-Travemünde, Mail: heinz.egleder@hanse-apfel.de, www.hanse-apfel.de

Verein Heckenrose e.V., Kreuzstr. 1, 37581 Bad Gandersheim, Tel. 05563/960358, E-Mail: heckenrose-ev@posteo.de (kümmert sich um Streuobstlehrpfade und Obstwiesen in und um Bad Gandersheim)

Kehdinger Appelhoff e.V., Gemeinde Drochtersen, Sietwender Straße, 21706 Drochtersen, Tel. 04143/919-0, Mail: Gemeinde@Drochtersen.de

Loki Schmidt Stiftung (Stiftung Naturschutz Hamburg und Stiftung Loki Schmidt zum Schutze gefährdeter Pflanzen), Steintorweg 8, 20099 Hamburg, Mail: info@loki-schmidt-stiftung.de, www.loki-schmidt-stiftung.de, (kümmert sich u.a. um eine Streuobstwiese in Hamburg-Francop)

Lüneburger Streuobstwiesen e.V., Vor Mönchsgarten 8, 21339 Lüneburg, Tel. 0160/95568409, Mail: info@streuobst-lueneburg.de

Märkischer Naturgarten, Naturschutzzentrum Märkischer Kreis e.V., Grebbecker Weg 3, 58509 Lüdenscheid, Tel. 02351/4324240, www.naturschutzzentrum-mk.de

Main-Äppel-Haus Lohrberg, Streuobstwiesenzentrum e.V., Klingenweg 90, 60689 Frankfurt a.M./ Seckbach, Tel. 069/479994, Mail: info@mainaeppelhauslohrberg.de (Frankfurts Informations- und Begegnungsstätte rund um das Thema Streuobst und Gartenbau)

Norddeutsche Apfeltage, c/o BUND Hamburg, Projektleiter Ulrich Kubina, Mail: uk@apfeltage.de, www.apfeltage.de (das größte norddeutsche Apfelfest mit begleitenden Kursen, Vorträgen, Sortenausstellung und Sortenbestimmungen)

Rhöner Apfelinitiative, c/o Astrid Schäfer, Eisenacher Str. 24, 36115 Ehrenberg-Seiferts, Tel. 06657/9142834, Mail: rhoenapfel@controlling-schaefer.de. www.rhoenapfel.de (die Rhöner Apfelinitiative gruppiert sich rund um das Traditions-»Gasthaus zur Krone« in Ehrenberg-Seiferts in der hessischen Rhön, wo es immer tolle Apfelgerichte und -produkte kennenzulernen gibt. Angeschlossen ist eine Schaukelterei)

Streuobstverein Ilhorn-Sprengel (Heidekreis), c/o Claus Hufenbach, Ilhorn, www.streuobst-ilhorn-sprengel.de

»Streuobstwiesenkataster«-Projekt, BUND Niedersachen, Goebenstr. 3a, 30161 Hannover, Sabine Washof, Tel. 04141/513992 und 0511/96569-74, Mail: sabine.washof@nds.bund.net (das Streuobstwiesenkataster-Projekt koordiniert Streuobstprojekte in Niedersachen und betreibt die Seite www.streuobstwiesen-niedersachsen.de)

Eine Streuobstwiesen-Plattform findet man auch unter www.streuobstwiesen.org. Hier findet man vor allem Fotos von Streuobstwiesen, aber auch interessante Anlaufadressen.

Literatur

Bannier, H.-J., **Alte Obstsorten für Südniedersachsen neu entdeckt**. Hg. vom Landschaftspflegeverband Landkreis Göttingen e.V., 2. Auflage 2008

Bannier, H.-J., **Alte Obstsorten neu entdeckt für Westfalen und Lippe**. Hg. und zu beziehen über Stiftung für die Natur Ravensberg, Am Herrenhaus 27, Kirchlengern, 3. Auflage 2008

Brandt, E., **Von Äpfeln und Menschen... Brandts Apfelfibel mit 36 Apfelrezepten**. Eine kleine Kulturgeschichte des Apfels in Norddeutschland. Verlag Atelier im Bauernhaus, Fischerhude, 4. Auflage 2014

Brandt, E. und J. Bernhard, **Natürlich Obst.** Sorten, Rezepte und Wissenswertes aus Norddeutschland. Wachholtz Verlag, Neumünster 2011

Cordes, J.-H. / Sommer, N., **Obstgehölze**. Bund deutscher Baumschulen (BdB), Handbuch VI, avBuch 2006

Heller, R., **Obst in der Altmark**. Entstehung, Verbreitung und Verdrängung von Lokalsorten. Hg. vom Verein KULTUR-Landschaft Haldenleben-Hundisburg e.V. 1995, z.Zt. vergriffen.

Hammerschmidt, M., **Das Apfelbuch Schleswig-Holstein**. Sorten, Geschichten, Rezepte. Wachholtz Verlag, Neumünster 2010

Juniper, B. E., **The Story of the Apple**. Timber Press, Portland, Oregon USA 2006

Klock, P., **Veredeln. Obstgehölze und Zierpflanzen**. Viele anschauliche Abb. Blv Verlag 2012

Müller-Diemitz, Bißmann-Gotha u.a. **Deutschlands Obstsorten**, Eckstein u.Stähle, Stuttgart 1905–1936 (antiqu. mit vielen schönen Abb.)

Landwirtschaftskammer Weser-Ems, **Empfehlenswerte alte und neue Obstsorten für Landschaft und Garten in Weser-Ems**, 3. Auflage 2004

Lucas, E. (Hg.), **Abbildungen württembergischer Obstsorten**. Eine Sammlung vorzüglicher Apfel- und Birnensorten, ausgewählt bei der vaterländischen Obst- und Traubenausstellung in Cannstatt 1857, verlegt in Stuttgart 1858. Nachdruck des Pomologen-Verein e.V. 2001

LVR-Netzwerk Umwelt mit den Biologischen Stationen im Rheinland (Hg.), **Lokale und regionale Obstsorten im Rheinland – vom Aussterben bedroht**. Ein Handbuch mit 49 Sortensteckbriefen

Pomologen-Verein Niedersachsen-Bremen, **Alte Obstsorten neu entdeckt**. Sortenwahl, Pflanzung, Pflege, Förderung. Verlag Atelier im Bauernhaus, Fischerhude 2013

Schernus, C., **Das Apfelbuch Berlin-Brandenburg**. Alte Sorten wiederentdeckt. edition q im be.bra verlag, Berlin 2013

Register der Äpfel

36 = **ausführliche Beschreibung**
82 = **Abbildung**

Foto- und Bildnachweis

Dennis Williamson: Cover und Umschlagfotos, S. 2, 12/13, 17 oben, 20, 21, 24, 25, 33, 58, 62/63, 64, 65 r., 71 oben, 77, 87 oben, 89 unten, 96
Judith Bernhard: S. 9 (2x), 16, 17 unten, 18, 22, 23 unten, 26, 29, 36, 37, 38, 42/43, 44/45, 51, 52, 54/55, 59, 60, 67, 69, 71 unten, 72 oben, 73, 75, 82 (2x), 84/85, 87 Mitte, 88 (2x), 89 oben, 91 oben, 100, 102, 103, 106, 109 (2x), 112
Müller-Diemitz, Bißmann-Gotha u.a., Deutschlands Obstsorten, Verlag Eckstein und Stähle, Stuttgart o.J: S. 6, 11, 15, 19, 30, 31, 35, 53 (2x), 57, 61, 90
infografiker.com Karte S. 94
Bernd Bargsten: S. 23 oben, 104
Alexander Fromm: S. 65 links
Rainer Wiencke: S. 72 unten
H.-J. Bannier: S. 76 (2x), 108
Nimar Blume: S. 87 unten
Bund für Umwelt und Naturschutz Deutschland e.V. Lemgo: S. 91, 107
Dieter Nitz: S. 98/99
Jörg Wagner: S. 101
Emder Bürgerstiftung Reg. Umweltztr. Ökowerk Emden: S. 105,
NABU – Naturschutzbund Deutschland e.V. Münster: S. 110, 115
Andy Rumball: S. 114
Pomologische Tafeln (1867): S. 91